建设工程监理合同（示范文本）应用指南

中国建设监理协会　组织编写

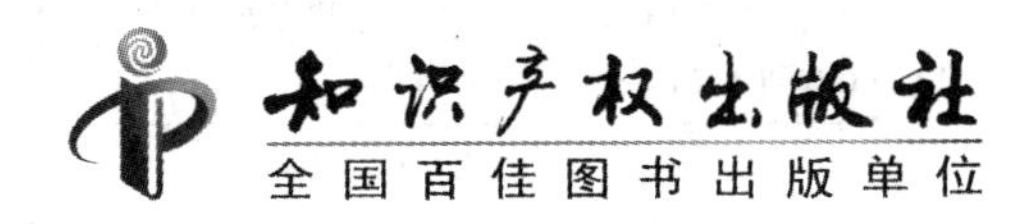

内容简介

本书全面介绍了建设工程监理合同修订的背景、必要性、依据和修订过程，并重点对建设工程监理合同的协议书、通用条件与专用条件、附录的修订进行了说明。本书最后附有《建设工程监理合同（示范文本）》、《中华人民共和国建筑法》、《建设工程质量管理条例》、《建设工程安全生产管理条例》、《最高人民法院关于审理建设工程施工合同纠纷案件适用法律问题的解释》、《建设工程监理与相关服务收费管理规定》、《〈标准施工招标资格预审文件〉和〈标准施工招标文件〉试行规定》等相关法规文件。

本书可作为建设监理行业主管部门和监理企业管理者、广大注册监理工程师的参考资料和继续教育读本，也可作为高校相关专业师生的辅导用书。

责任编辑：陆彩云
封面设计：智兴设计室　　**责任出版**：卢运霞

图书在版编目（CIP）数据

建设工程监理合同（示范文本）应用指南／中国建设监理协会组织编写．—北京：知识产权出版社，2012.5

ISBN978－7－5130－1248－5

Ⅰ.①建…　Ⅱ.①中…　Ⅲ.①建筑工程－施工监理－合同－范文　Ⅳ.①TU723.1

中国版本图书馆CIP数据核字（2012）第064190号

建设工程监理合同（示范文本）应用指南
中国建设监理协会　组织编写

出版发行：知识产权出版社

社　址：北京市海淀区马甸南村1号	邮　编：100088
网　址：http://www.ipph.cn	邮　箱：bjb@cnipr.com
发行电话：010－82000860转8101/8102	传　真：010－82005070/82000893
责编电话：010－82000860转8110	责编邮箱：lcy@cnipr.com
印　刷：三河市国英印刷厂	经　销：新华书店及相关销售网点
开　本：787mm×1092mm　1/16	印　张：8.5
版　次：2012年5月第1版	印　次：2012年6月第2次印刷
字　数：190千字	定　价：28.00元

ISBN 978－7－5130－1248－5/TU·044（4124）

《建设工程监理合同（示范文本）应用指南》编审委员会

前　言

一、修订背景和必要性

工程监理作为工程建设不可缺少的一项重要制度，在我国已实施20多年。一大批基础设施项目、住宅项目、工业项目，以及大量的公共建筑项目按国家规定实施了强制监理。多年来实践证明，工程监理对于控制建设工程质量、进度和造价，加强施工单位安全生产管理，提高建设投资效益发挥了十分重要的作用，已得到社会的广泛认可。

为规范工程监理行为，向委托人和监理人签订和实施建设工程监理合同提供指南，原建设部和原国家工商行政管理局于2000年联合颁布了《建设工程委托监理合同（示范文本）》（以下简称2000版示范文本），该示范文本反映了20世纪90年代末期我国工程监理行业的发展状况，符合当时工程监理市场的需求，在工程监理实践中发挥了重要作用。

近年来，随着我国国民经济的快速发展、城镇化进程的加快推进，固定资产投资持续较快增长，民生工程、基础设施等建设任务繁重，一些工程项目的技术难度越来越大，标准规范越来越严，施工工艺越来越精，质量要求越来越高。社会经济环境已发生改变，所依据的有关法律法规和标准也在不断修订调整，2000版示范文本已不能准确涵盖现阶段工程监理与相关服务实践中的复杂情况，难以满足工程监理与相关服务的相关各方的实际操作需要和诉求。

2000年以来，国家先后颁布《建设工程质量管理条例》、《建设工程安全生产管理条例》和《民用建筑节能条例》等法规，明确规定工程监理单位和监理工程师应当按照法律、法规和工程建设强制性标准实施监理，对建设工程的质量、安全生产和建筑节能承担监理责任。这些法规虽已实施，但并未在2000版示范文本中明确体现出来，影响了工程监理合同内容的全面性和准确性。

在工程监理承担着确保建设工程的投资效益和质量安全的艰巨任务及重要责任的情况下，尽快修订2000版示范文本，在合同中进一步明确工程监理的职责、内容、程序和方法，对于规范工程监理行为，严格要求工程监理单位和监理人员依法监理，认真履行监理职责，全面提升工程监理工作水平将会发挥重要作用。

二、修订的主要依据

修订2000版示范文本的主要依据有：

（一）国家有关法律、法规和规章

如：《中华人民共和国建筑法》（以下简称《建筑法》）、《中华人民共和国合同法》（以下简称《合同法》）、《建设工程质量管理条例》、《建设工程安全生产管理条例》和《民用建筑节能条例》等。

(二)国际咨询服务行业合同示范文本

如：国际咨询工程师联合会（FIDIC）《客户/咨询工程师（单位）服务协议书》（1998）；世界银行《选择咨询工程师标准招标文件－咨询服务标准合同格式》（2004）；美国 AIA《业主与建筑师标准合同文本》（1997 版）；香港《设计和建造工程委托咨询工程师通用合同条件》（1997）等。此外，还综合考虑了九部委联合颁布的《标准施工招标文件》（第 56 号令）中《通用合同条款》的相关内容。

(三)国内相关部门颁布的与工程监理相关的合同

如：《中华人民共和国标准施工招标文件》、《公路工程施工监理招标文件范本》、《铁路建设项目监理招标文件示范文本》中的合同部分等。

三、修订的过程

2006 年成立了由中华人民共和国住房和城乡建设部建筑市场监管司、法律界专家、大专院校专家学者、建设单位代表、监理单位、建设监理协会等有关人员组成的“《建设工程监理合同（示范文本）》修订工作组”。工作组主要开展了以下工作：

(一)成立修订课题组

2006 年 7 月，成立了“修订《建设工程监理合同（示范文本）》与工程监理统计制度研究课题组”，设立了修订专项课题，受中华人民共和国住房和城乡建设部建筑市场监管司委托，由中国建设监理协会组织相关单位，包括：北京市住房和城乡建设委员会、北京市仲裁委员会、北京交通大学、华北电力大学、南开大学、深圳大学建设监理研究所、上海市建设工程咨询行业协会、四川省建设监理与工程质量协会、海南省建设监理协会、首开集团、北京市轨道交通建设管理有限责任公司、上海同济工程咨询有限公司、上海市建设工程监理有限公司、北京方圆工程建设监理有限公司、北京京精大房工程建设监理公司、京兴国际工程管理公司、中咨工程建设监理公司、海南新世纪建设项目咨询管理有限公司等单位的专家学者进行了系统化研究，为全面开展修订工作奠定基础。

(二)确定修订的基本原则

（1）考虑合同示范文本使用的连续性。尽量保留原合同示范文本中的合理部分，补充、修改完善不合理部分。

（2）纳入近几年比较成熟的工程监理实践经验，不成熟的内容暂不列入。

（3）严格依据现行法律法规和标准规范进行修订。

（4）充分参考、借鉴国际工程合同管理经验和其他行业的合同示范文本。

（5）将合同示范文本与现实工作实际需求相结合，充分考虑国情，符合国内工程监理工作实际情况。

(三)确定修订的方案

参照 FIDIC《客户/咨询工程师（单位）服务协议书》格式，同时，结合 20 多年来我国工程监理实践经验，对 2000 版示范文本的体例和格式进行了调整。

(四)开展的主要修订工作

（1）开展广泛的调查研究。从 2006 年起，课题组主要对上海市、天津市、广东省、四川省、重庆市、山西省、陕西省、吉林省、海南省等省市，以及电力、水利水电、石油、石化及化工、铁道等行业进行了调研，全面了解2000版示范文本的实际应用情况和存在的问题。

（2）组织全面的修改论证。从2006年起，组织了20余次由政府有关部门、建设单位、设计单位、施工单位、监理单位、行业协会共同参加的研讨会，对《建设工程监理合同（示范文本）》修订稿进行了认真讨论。

（3）面向全国征求意见。2008年5月，由中华人民共和国住房和城乡建设部建筑市场监管司发文（建办市函［2008］285号），征求各地和有关部门对《建设工程监理合同（示范文本）》修订稿的意见。2010年11月，将《建设工程监理合同（示范文本）》的修订稿作为待议文件提交全国建设工程监理会议进行讨论，并认真整理归纳各地各行业反馈意见，逐条研究吸收采纳合理化建议，不断修订充实，使之更为全面准确。

（4）积极与国家工商行政管理总局协调沟通。从2006年开始，积极与国家工商行政管理总局联系，就《建设工程监理合同（示范文本）》修订事宜进行了多次的商议，认真听取并吸收采纳国家工商行政管理总局的意见和建议。

四、修订的主要内容

本次修订和调整的主要内容包括：合同文件名称、合同文件组成和内容。

（一）合同文件名称

将《建设工程委托监理合同（示范文本）》修改为《建设工程监理合同（示范文本）》，主要考虑与国内其他合同示范文本名称的确立原则相一致，而且也符合国际通行做法。

（二）合同文件组成和内容

2000版示范文本由“建设工程委托监理合同”、“标准条件”和“专用条件”三部分组成，造成标准格式的“建设工程监理委托合同”与总的合同用词重复，容易导致概念混淆。修订后的合同文件包括“协议书”、“通用条件”、“专用条件”、附录A和附录B五部分，不仅在格式上与其他相关合同示范文本相一致，而且与国际惯例相协调。

1. 通用条件

考虑到2000版示范文本已应用10多年，委托人与监理工程师均很熟悉，本次修订尽可能保留了原有适用的条款。通用条件中修改和增加的条款主要体现在以下几个方面：

（1）“定义与解释”中，明确说明了合同中重要的用词和用语，避免产生矛盾或歧义。修改后的示范文本对18个专用词语进行了定义，比2000版示范文本中的定义增加7个专用词语，包括“监理”、“相关服务”、“酬金”、“不可抗力”等。

（2）将2000版示范文本中的“权利、义务、职责”调整为“义务、责任”两部分，避免了原示范文本中监理人相对于委托人的合同权利与委托人授予监理人可行使权力之间的概念冲突。

(3)将2000版示范文本中的“附加工作”和“额外工作”合并为“附加工作”。虽然“附加工作”与“额外工作”的性质不同，附加工作是与正常服务相关的工作，额外工作是主观或客观情况发生变化时监理人必须增加的工作内容，但二者均属于超过合同约定范围的工作，且补偿的原则和方法相同。为便于合同履行中的管理，修改后的示范文本将二者均归于“附加工作”。

(4)依据工程监理相关法规，明确了工程监理的基本工作内容，列出22项监理人必须完成的监理工作，包括：审查施工承包人提交的施工组织设计；检查施工承包人工程质量、安全生产管理制度；审核施工承包人提交的工程款支付申请；发现工程质量、施工安全生产存在隐患的，要求施工承包人整改并报委托人；验收隐蔽工程、分部分项工程；签署竣工验收意见等。如果委托人需要监理人完成更大范围或更多的监理工作，还可在专用条件中补充约定。

(5)2000版示范文本中未规定合同文件出现矛盾或歧义时的解释顺序，修改后的示范文本不仅调整了合同文件的组成，而且明确了合同文件组成部分的解释顺序。

(6)增加更换项目监理机构人员的情形。修改后的示范文本中明确了6种更换监理人员的情形，如：有严重过失行为的、有违法行为不能履行职责的、涉嫌犯罪的、不能胜任岗位职责的等。此外，委托人与监理人还可在专用条件中约定可更换监理人员的其他情形。

(7)明确了监理人的工作原则，增加了“在工程监理与相关服务范围内，委托人和承包人提出的意见和要求，监理人应及时提出处置意见。当委托人与承包人之间发生合同争议时，监理人应协助委托人、承包人协商解决”的规定。

(8)依照《合同法》关于违约赔偿的规定，取消了原示范文本中监理人因过失对委托人的最高赔偿原则是扣除税金后的全部监理费用的规定，体现委托人和监理人的权利公平原则。

(9)增加了协议书签订后，因有关的法律法规、强制性标准的颁布及修改，或因工程规模或范围的变化导致监理人合同约定的工作量增加或减少时，服务酬金、服务时间应作相应调整的条款，体现委托人与监理人的权利平等原则。

(10)2000版示范文本中有关时间的约定无一定规律，如30日、35日等，参照国际惯例，修改后的示范文本中的时间均按周计算，即7天的倍数，不仅增强了科学性，也便于使用者掌握。

(11)新增合同当事人双方履行义务后合同终止的条件，使合同管理更趋规范化。

2. 专用条件

2000版示范文本中，合同当事人就委托工程监理的所有约定均置于专用条件中，导致实践中很多内容约定得不够全面、具体，修改后的示范文本针对委托工程的约定分为专用条件、附录A和附录B三部分。

专用条件留给委托人和监理人以较大的协商约定空间，便于贯彻当事人双方自主订立合同的原则。为了保证合同的完整性，凡通用条件条款说明需在专用条件约定的内容，在专用条件中均以相同的条款序号给出需要约定的内容或相应的计算方法，以便于合同的订立。

3. 附录 A

为便于工程监理单位拓展服务范围，修订后的示范文本将工程监理单位在工程勘察、设计、招标、保修等阶段的服务及其他咨询服务定义为“相关服务”。如果委托人将全部或部分相关服务委托监理人完成时，应在附录 A 中明确约定委托的工作内容和范围。委托人根据工程建设管理需要，可以自主委托全部内容，也可以委托某个阶段的工作或部分服务内容。若委托人仅委托施工监理，则不需要填写附录 A。

4. 附录 B

为便于进一步细化合同义务，参照 FIDIC 等合同示范文本，增加了附录 B。委托人为监理人开展正常监理工作无偿提供的人员、房屋、资料、设备和设施，应在附录 B 中明确约定提供的内容、数量和时间。

目　录

第一部分　协议书

委托人（全称）：____________________

监理人（全称）：____________________

根据《合同法》第276条，“建设工程实行监理的，发包人应当与监理人采用书面形式订立委托监理合同。发包人与监理人的权利和义务以及法律责任，应当依照本法委托合同以及其他有关法律、行政法规的规定”。《合同法》明确了建设工程监理合同是委托合同，故其所指的“发包人”即为本合同中的委托人。因此，建设工程监理合同主体是委托人和监理人。

签订建设工程监理合同，首先需要明确合同主体，即合同双方当事人。委托人和监理人的名称必须填全称，否则，会导致不必要的误解和法律纠纷。

对于监理招标工程，委托人和监理人的名称应与建设工程监理招标文件、投标文件和中标通知书中的名称一致；对于非监理招标工程，委托人和监理人的名称应与建设工程监理与相关服务建议书、委托书中的名称一致。并与本协议书中委托人和监理人的盖章名称一致。

根据《中华人民共和国合同法》、《中华人民共和国建筑法》及其他有关法律、法规，遵循平等、自愿、公平和诚信的原则，双方就下述工程委托监理与相关服务事项协商一致，订立本合同。

依法并遵循平等、自愿、公平和诚信的原则，是合同双方当事人签订合同的前提条件。

（1）合同的“合法性”

《合同法》第8条规定，“依法成立的合同，对当事人具有法律约束力”。委托人和监理人签订建设工程监理合同，必须依照《合同法》、《建筑法》及其他有关法律法规。具有法律约束力的合同生效后，当事人必须全面履行合同，不得无故拒绝履行合同义务，并承担违约责任。

（2）合同的“平等原则”

《合同法》第3条规定，“合同当事人的法律地位平等，一方不得将自己的意志强加给另一方”，体现了合同双方当事人在法律上的“平等”地位。

（3）合同的“自愿原则”

《合同法》第4条规定，“当事人依法享有自愿订立合同的权利，任何单位和个人不得非法干预”，体现了合同订立的“自愿”原则。

（4）合同的“公平原则”

《合同法》第5条规定，“当事人应当遵循公平原则确定各方的权利和义务”，体现了合同订立的“公平”原则。双方当事人在确定各方权利和义务时，需协商一致，不得胁迫或乘人之危订立不公平的合同条款。

（5）合同的“诚信原则”

《合同法》第6条规定，“当事人行使权利、履行义务应当遵循诚实信用原则”，体现了合同履行的“诚信”原则。合同双方当事人应本着实事求是的精神以善意的方式订立和履行合同。

合同双方当事人在变更合同或订立补充协议时同样应依法并遵循平等、自愿、公平和诚信的原则。

一、工程概况

1. 工程名称：＿＿＿＿＿[1]＿＿＿＿＿；

2. 工程地点：＿＿＿＿＿[2]＿＿＿＿＿；

3. 工程规模：＿＿＿＿＿[3]＿＿＿＿＿；

4. 工程概算投资额或建筑安装工程费：＿＿＿＿[4]＿＿＿＿。

这里的“工程”，不是一般意义上的工程，是指按照本合同约定，实施建设工程监理与相关服务的建设工程。它是建设工程监理与相关服务的对象。

[1] 工程名称是指实施建设工程监理与相关服务的工程名称，须与工程监理招标文件或监理委托书中的工程名称相一致。

[2] 工程地点应写明工程的具体地理位置，如××省（市）××区××县××路××号。当工程为建筑工程，且其地点的具体门牌号未定时，建议将工程四至范围填入，如四至范围可写为：东面为××路，南面为××路，西面为××路，北面为××路；当工程为公路工程、市政道路工程时，其地点可写明起点和终点。

[3] 工程规模应填写详细。对于民用建筑工程，则需写明建筑面积（总建筑面积，各单体建筑地上/地下建筑面积）、各单体建筑数量和建筑高度（建筑层数）、用地面积、容积率等技术经济指标；对于工业建筑工程，除上述技术经济指标外，还需写明工业生产能力等技术经济指标；对于道路、铁路、桥梁、隧道等土木工程，则需写明长度、跨度（桥梁）、宽度（道路、桥梁、隧道）等技术经济指标。

[4] 工程概算投资额或建筑安装工程费是指实施建设工程监理的取费基数，在该栏中应写明工程概算投资额或建筑安装工程费（二者取其一）。如工程概算投资额为××元人民币或建筑安装工程费为××元人民币。

若在订立建设工程监理合同时尚未确定工程概算投资额或建筑安装工程费，则应填写相应的暂定金额，并在专用条件中明确因工程概算投资额或建筑安装工程费变化而引起的建设工程监理酬金的调整方法。

二、词语限定

协议书中相关词语的含义与通用条件中的定义与解释相同。

本协议书中相关词语的含义与通用条件“1定义与解释”中的含义完全相同。

三、组成本合同的文件

1. 协议书；
2. 中标通知书（适用于招标工程）或委托书（适用于非招标工程）；
3. 投标文件（适用于招标工程）或监理与相关服务建议书（适用于非招标工程）；
4. 专用条件；
5. 通用条件；
6. 附录，即：

附录 A　相关服务的范围和内容

附录 B　委托人派遣的人员和提供的房屋、资料、设备

本合同签订后，双方依法签订的补充协议也是本合同文件的组成部分。

本款明确了建设工程监理合同文件的组成部分。

1. 协议书

协议书是建设工程监理合同的纲领性文件，集中反映了合同双方当事人及其约定的合同的主要内容，包括当事人名称、标的物、酬金、合同履行期限、双方基本承诺、合同订立时间及合同双方当事人签字等。

2. 中标通知书或委托书

建设工程监理中标通知书或委托书是建设工程监理合同签订的前提和基础，同时也是建设工程监理合同的重要组成部分。对于实施监理招标的建设工程，中标通知书是委托人对监理人要约（投标文件）的承诺；对于直接委托监理与相关服务的建设工程，委托书是委托人对监理人要约（建设工程监理与相关服务建议书）的承诺。根据《中华人民共和国招标投标法》（以下简称《招标投标法》），要约与承诺是合同签订的必要程序。

3. 投标文件或建设工程监理与相关服务建议书

对于实施监理招标的建设工程，投标文件是监理人对委托人招标文件（要约邀请）的要约，是监理人对招标文件实质性内容的响应，是监理人希望与委托人订立合同的意思表示。对于不实施监理招标的建设工程，建设工程监理与相关服务建议书是监理人对委托人的要约，与投标文件的性质一样，也是监理人希望与委托人订立合同的意思表示。因此，投标文件或建设工程监理与相关服务建议书作为要约，应作为建设工程监理合同的组成部分。

4. 专用条件

专用条件是合同双方当事人根据自身及工程需求，在通用条件的基础上协商一致形成的合同条款。根据《招标投标法》第 46 条，“招标人和中标人应当自中标通知书发出之日起三十日内，按照招标文件和中标人的投标文件订立书面合同。招标人和中标人不得再行订立背离合同实质性内容的其他协议”。因此，合同双方当事人在协商确定专用条件时，不得改变投标文件中的实质性内容。

5. 通用条件

通用条件根据《合同法》、《建筑法》及其他有关法律、行政法规，对建设工程监

理合同双方当事人的义务和责任作了一般性规定，适用于各类建设工程监理，具有较强的通用性，既是建设工程监理合同的重要组成部分，也是合同双方当事人协商确定专用条件的基础性文件。

6. 附录 A 和附录 B

附录 A 和附录 B 是建设工程监理合同的重要组成部分。如果监理人受建设单位（委托人）委托，仅实施建设工程监理，则合同双方当事人不需要填写附录 A，即不需要明确相关服务的范围和内容。合同双方当事人需要通过填写附录 B 明确委托人派遣的人员和提供的房屋、资料、设备等，供监理人无偿使用。这是监理人实施建设工程监理的必要条件。

7. 补充协议

建设工程监理合同签订后，由于各种因素导致合同变更，合同双方当事人在协商一致的基础上签订的补充协议，也是建设工程监理合同的重要组成部分。

四、总监理工程师

总监理工程师姓名：__________，身份证号码：______________，注册号：_______。

总监理工程师是监理人（监理单位）派驻现场履行监理人职责的全权负责人。总监理工程师必须由注册监理工程师担任，且必须注册于本合同监理人单位。协议书中的总监理工程师还应与监理人投标文件中的总监理工程师一致。

五、签约酬金

签约酬金（大写）：________________________________（¥　　　　）。

包括：

1. 监理酬金：________________________________。

2. 相关服务酬金：________________________________。

其中：

（1）勘察阶段服务酬金：________________________________。

（2）设计阶段服务酬金：________________________________。

（3）保修阶段服务酬金：________________________________。

（4）其他相关服务酬金：________________________________。

签约酬金是指合同双方当事人签订合同时商定的酬金，包括建设工程监理酬金和相关服务酬金两部分。如果监理人受建设单位（委托人）委托，仅实施建设工程监理，则签约酬金只包括建设工程监理酬金。

在建设工程监理合同履行过程中，由于建设工程监理或相关服务的范围、内容的变化，会引起建设工程监理酬金、相关服务酬金发生变化，因此，合同双方当事人最终结算的酬金额可能并不等于签约时商定的酬金额。

根据《建设工程监理与相关服务收费管理规定》第 4 条，“建设工程监理与相关服务收费根据建设项目性质不同情况，分别实行政府指导价或市场调节价。依法必须实行监理的建设工程施工阶段的监理收费实行政府指导价；其他建设工程施工阶段的监理收费和其他阶段的监理与相关服务收费实行市场调节价”。

对于不同的建设工程，其监理酬金的计算方式不同。根据《建设工程监理与相关服务收费标准》，铁路、水运、公路、水电、水库工程的施工监理酬金按建筑安装工程费分档定额计费方式计算；其他工程的施工监理酬金按照建设工程概算投资额分档定额计费方式计算。对于设备购置费和联合试运转费占工程概算投资额40%以上的工程，其建筑安装工程费全部计入计费额，设备购置费和联合试运转费按40%的比例计入计费额。

相关服务酬金一般按相关服务工作所需工日和《建设工程监理与相关服务人员人工日费用标准》计取。

六、期限

1. 监理期限：

自______ 年__ 月__ 日始，至______ 年__ 月__ 日止。

2. 相关服务期限：

（1）勘察阶段服务期限自____ 年__ 月__ 日始，至____ 年__ 月__ 日止。

（2）设计阶段服务期限自____ 年__ 月__ 日始，至____ 年__ 月__ 日止。

（3）保修阶段服务期限自____ 年__ 月__ 日始，至____ 年__ 月__ 日止。

（4）其他相关服务期限自____ 年__ 月__ 日始，至____ 年__ 月__ 日止。

建设工程监理期限是指建设工程施工监理期限，相关服务期限分工程勘察、设计、保修及其他相关服务阶段分别填写具体开始日期和结束日期。

如果在签订合同时无法填入准确日期，则可暂定开始日期和结束日期，并在专用条件补充条款中根据附录A中的具体服务内容列出双方约定的日历天数。

当合同履行期限超过协议书中所列期限时，合同双方当事人应签订补充协议，进一步明确建设工程监理和相关服务期限、酬金。

七、双方承诺

1. 监理人向委托人承诺，按照本合同约定提供监理与相关服务。

2. 委托人向监理人承诺，按照本合同约定派遣相应的人员，提供房屋、资料、设备，并按本合同约定支付酬金。

建设工程监理合同为双务合同，即合同双方当事人均应履行合同义务。为此，合同双方当事人均必须作出承诺，以明确其真实意愿。承诺对合同双方当事人具有法律约束力。

八、合同订立

1. 订立时间：______年__月__日。

2. 订立地点：________________________________。

3. 本合同一式____份，具有同等法律效力，双方各执____份。

委托人：（盖章）	监理人：（盖章）
住所：________________	住所：________________
邮政编码：____________	邮政编码：____________
法定代表人或其授权的代理人：（签字）	法定代表人或其授权的代理人：（签字）
开户银行：____________	开户银行：____________
账号：________________	账号：________________
电话：________________	电话：________________
传真：________________	传真：________________
电子邮箱：____________	电子邮箱：____________

根据《合同法》第32条，当事人采用合同书形式订立合同的，自双方当事人签字或者盖章时合同成立。

1. 合同订立时间

合同订立时间是指合同双方当事人在协议书上签字盖章的时间。根据本合同通用条件6.1款约定，除法律或专用条件另有约定外，委托人和监理人的法定代表人或其授权代理人在协议书上签字并盖单位章后合同即成立。

2. 合同订立地点

合同订立地点通常为合同双方当事人签字盖章地点。如果双方当事人签字或者盖章不在同一地点的，根据《最高人民法院关于适用〈中华人民共和国合同法〉若干问题的解释》，以最后签字或者盖章的地点为合同签订地点。

3. 委托人和监理人盖章

委托人和监理人盖章必须与协议书中委托人和监理人的全称相一致。

4. 委托人和监理人住所

合同双方当事人住所应与其各自营业执照中的住所相一致。

5. 签字人

签字人应当是合同双方当事人的法定代表人或其授权代理人。如果合同签字人为法定代表人的授权代理人，则必须由签字人提交法定代表人的书面授权书，并作为合同附件。法定代表人的授权书应包括以下内容：被授权人的基本情况；授权范围（包括授权的时间范围、对象等）；授权人（法定代表人）签字及授权单位盖章；授权日期。

6. 基本信息变更

在合同履行过程中，委托人、监理人的法定代表人、授权代理人、住所、开户银行、账号、电话、传真、电子邮箱等基本信息发生变更的，需要合同双方签订补充协议变更相关信息。

【示例】

第一部分　协议书

委托人（全称）：××集团有限公司
监理人（全称）：××工程监理有限公司

根据《中华人民共和国合同法》、《中华人民共和国建筑法》及其他有关法律、法规，遵循平等、自愿、公平和诚信的原则，双方就下述工程委托监理与相关服务事项协商一致，订立本合同。

一、工程概况

1. 工程名称：××工程；
2. 工程地点：××省××市××区××路××号；
3. 工程规模：建筑面积为××平方米，工程包括×栋×层住宅、×栋×层公建配套楼；
4. 工程概算投资额或建筑安装工程费：建筑安装工程费为××元人民币。

二、词语限定

协议书中相关词语的含义与通用条件中的定义与解释相同。

三、组成本合同的文件

1. 协议书；
2. 中标通知书（适用于招标工程）或委托书（适用于非招标工程）；
3. 投标文件（适用于招标工程）或建设工程监理与相关服务建议书（适用于非招标工程）；
4. 专用条件；
5. 通用条件；
6. 附录，即：

附录 A　相关服务的范围和内容
附录 B　委托人提供的人员、房屋、资料、设备、设施

本合同签订后，双方依法签订的补充协议也是本合同文件的组成部分。

四、总监理工程师

总监理工程师姓名：×××，身份证号码：×××，注册号：×××。

五、签约酬金

签约酬金额（大写）：×××人民币（¥×××）。

包括：

1. 建设工程监理酬金：×××元人民币。
2. 相关服务酬金：×××元人民币。

其中：

（1）勘察阶段服务酬金：×××元人民币。

（2）设计阶段服务酬金：×××元人民币。

（3）保修阶段服务酬金：×××元人民币。

（4）其他相关服务酬金：×××元人民币。

六、期限

1. 建设工程监理期限：

自×× 年××月××日始，至×× 年××月××日止。

2. 相关服务期限：

（1）勘察阶段服务期限自×× 年××月××日始，至×× 年××月××日止。

（2）设计阶段服务期限自×× 年××月××日始，至×× 年××月××日止。

（3）保修阶段服务期限自×× 年××月××日始，至×× 年××月××日止。

（4）其他相关服务期限自×× 年××月××日始，至×× 年××月××日止。

七、双方承诺

1. 监理人向委托人承诺，按照本合同约定提供建设工程监理与相关服务。

2. 委托人向监理人承诺，按照本合同约定提供相应的人员、房屋、资料、设备、设施，并按本合同约定支付酬金。

八、合同订立

1. 订立时间：×× 年××月××日。

2. 订立地点：××省××市××区××路××号。

3. 本合同一式捌 份，具有同等法律效力，双方各执肆 份。

委托人：（盖章）	监理人：（盖章）
住所：××省×市×县×路×号	住所：××市××区××路××号
邮政编码：×××	邮政编码：×××
法定代表人或其授权的代理人：（签字）	法定代表人或其授权的代理人：（签字）
开户银行：×××	开户银行：×××
账号：×××	账号：×××
电话：×××	电话：×××
传真：×××	传真：×××
电子邮箱：×××	电子邮箱：×××

第二部分　通用条件与专用条件

1　定义与解释

1.1　定义

除根据上下文另有其意义外，组成本合同的全部文件中的下列名词和用语应具有本款所赋予的含义：

1.1.1 “工程”是指按照本合同约定实施监理与相关服务的建设工程。

本合同中的“工程”并非一般意义上的建设工程，而是指监理单位受建设单位委托、实施监理与相关服务的建设工程，它可以是整个建设工程，也可以是整个建设工程的一部分（一个标段或几个标段），其范围完全取决于建设单位委托建设工程监理与相关服务的范围。

1.1.2 “委托人”是指本合同中委托监理与相关服务的一方，及其合法的继承人或受让人。

根据《建筑法》第31条，“实行监理的建筑工程，由建设单位委托具有相应资质条件的工程监理单位监理。建设单位与其委托的工程监理单位应当订立书面委托监理合同。”“委托人”是相对于“监理人”（受托人）而言的，事实上，“委托人”就是指建设单位及其合法的继承人或受让人。

1.1.3 “监理人”是指本合同中提供监理与相关服务的一方，及其合法的继承人。

“监理人”是指接受建设单位委托实施建设工程监理与相关服务的监理单位及其合法的继承人。“监理人”是相对于“委托人”而言的。

1.1.4 “承包人”是指在工程范围内与委托人签订勘察、设计、施工等有关合同的当事人，及其合法的继承人。

“承包人”不仅是指与建设单位签订建设工程施工合同的施工单位及其合法的继承人，而且还包括与建设单位签订建设工程勘察设计合同的勘察单位、设计单位及其合法的继承人。当然，这些单位是指在“监理人”接受建设单位委托实施建设工程监理与相关服务的工程范围内的勘察单位、设计单位、施工单位。

1.1.5 “监理”是指监理人受委托人的委托，依照法律法规、工程建设标准、勘察设计文件及合同，在施工阶段对建设工程质量、进度、造价进行控制，对合同、信息进行管理，对工程建设相关方的关系进行协调，并履行建设工程安全生产管理法定职责的服务活动。

“监理”的定义不仅明确了工程监理实施的前提（受委托人委托），而且明确了工程监理的依据和工作内容。主要依据包括：①法律法规，如《建筑法》、《建设工程质量管理条例》、《建设工程安全生产管理条例》及相关政策等；②工程建设标准及勘察设计文件；③合同文件。这里的合同文件既包括建设单位与监理单位签订的建设工程监理合同（即本合同），也包括建设单位与承包人签订的建设工程合同。建设工程监理与相关服务的具体依据由建设单位与监理单位在专用条件2.2条中明确约定。

根据《建筑法》第32条，“建筑工程监理应当依照法律、行政法规及有关的技术标准、设计文件和建筑工程承包合同，对承包单位在施工质量、建设工期和建设资金使用等方面，代表建设单位实施监督。”因此，监理单位代表建设单位对工程的施工质量、进度、造价进行控制是其基本工作内容和任务，对合同、信息进行管理及协调工程建设相关方的关系，是实现项目管理目标的主要手段。

尽管《建筑法》第45条规定，“施工现场安全由建筑施工企业负责。”但根据《建设工程安全生产管理条例》第4条，“建设单位、勘察单位、设计单位、施工单位、工程监理单位及其他与建设工程安全生产有关的单位，必须遵守安全生产法律、法规的规定，保证建设工程安全生产，依法承担建设工程安全生产责任。”为此，监理单位还应履行建设工程安全生产管理的法定职责，这是法规赋予监理单位的社会责任。

1.1.6 “相关服务”是指监理人受委托人委托，按照本合同约定，在工程勘察、设计、保修等阶段提供的服务活动。

这里的“相关服务”是指监理单位受建设单位委托，在建设工程勘察、设计、保修等阶段提供的与建设工程监理相关的服务。之所以称为相关服务，是指这些服务与建设工程监理相关，即这些服务是以建设工程监理为基础的服务，是建设单位在委托建设工程监理的同时委托给监理单位的服务。如果建设单位不委托监理单位实施监理而只要求其提供项目管理服务或技术咨询服务，则双方不必签订建设工程监理合同，而只需签订项目管理合同或技术咨询合同即可。

1.1.7 “正常工作”是指本合同订立时通用条件和专用条件中约定的监理人的工作。

合同双方当事人在订立本合同时，建设工程监理与相关服务的期限和范围是明确的，在该期限和范围内的工作，无论是建设工程监理工作还是相关服务工作，均属于正常工作。协议书中明确的酬金就是与正常工作相对应的。

1.1.8 “附加工作”是指本合同约定的正常工作以外监理人的工作。

在建设工程监理合同履行过程中，由于建设工程监理与相关服务的期限和范围发生变化而增加的监理人工作，称为附加工作。在原示范文本中，相对于正常工作而言，有“附加工作”和“额外工作”两种，但因二者均属于超过合同约定期限和范围的工作，且补偿的原则和方法相同。为便于管理，本合同示范文本将二者均归于“附加工作”。

1.1.9 “项目监理机构”是指监理人派驻工程负责履行本合同的组织机构。

为履行建设工程监理合同，监理单位需要根据建设工程监理与相关服务的内容、期限，以及工程类别、规模、技术复杂程度、环境等因素组建项目监理机构。项目监理机构由总监理工程师、专业监理工程师和监理员组成，且专业配套、数量满足建设工程监理与相关服务需要，必要时可设总监理工程师代表。

1.1.10 “总监理工程师”是指由监理人的法定代表人书面授权，全面负责履行本合同、主持项目监理机构工作的注册监理工程师。

总监理工程师是监理单位派驻工程现场履行监理职责的全权负责人，主持项目监理机构工作。总监理工程师必须由注册监理工程师担任。根据《建设工程施工合同（示范文本)》，建设单位应在开工前通知施工单位总监理工程师的任命。监理单位更换总监理工程师时，建设单位应在合同规定的时间之前通知施工单位。

1.1.11 “酬金”是指监理人履行本合同义务，委托人按照本合同约定给付监理人的金额。

酬金包括建设工程监理酬金和相关服务酬金（如果本合同约定监理单位提供相关服务的话)。在协议书中约定的酬金是正常工作酬金，本合同签订后，如果工程概算投资额或建筑安装工程费发生变化，以及发生附加工作等，酬金也会发生相应变化，合同双方当事人需要在专用条件或补充协议中约定变化后的酬金额或计算方法。

1.1.12 “正常工作酬金”是指监理人完成正常工作，委托人应给付监理人并在协议书中载明的签约酬金额。

监理单位完成本合同中约定的正常工作，就应获得相应的正常工作酬金，包括建设工程监理酬金和相关服务酬金（如果本合同约定监理人提供相关服务的话)。在通常情况下，协议书中载明的签约酬金额即为建设单位应给付监理单位的正常工作酬金。

1.1.13 “附加工作酬金”是指监理人完成附加工作，委托人应给付监理人的金额。

在本合同签订后，如果由于建设工程监理与相关服务的期限、内容发生变化而产生附加工作，建设单位应给付监理单位相应的附加工作酬金，具体金额或计算方法应在专用条件或补充协议中约定。

1.1.14 “一方”是指委托人或监理人；“双方”是指委托人和监理人；“第三方”是指除委托人和监理人以外的有关方。

第三方是指除建设单位和监理单位以外的勘察单位、设计单位、施工单位、材料设备供应单位等。

1.1.15 “书面形式”是指信件和数据电文（包括电报、电传、传真、电子数据交换和电子邮件）等可以有形地表现所载内容的形式。

根据《合同法》第11条，“书面形式是指合同书、信件和数据电文（包括电报、电传、传真、电子数据交换和电子邮件）等可以有形地表现所载内容的形式。”

1.1.16 “天”是指第一天零时至第二天零时的时间。

一天按24小时计，是指从某一天零时开始，至第二天零时（即该天24时）为止的时间。

1.1.17 “月”是指按公历从一个月中任何一天开始的一个公历月时间。

按公历计算，从一个月中某一天零时开始，至下月同一天零时为止的时间为一个月。如：从1月1日零时开始，至2月1日零时（即1月31日24时）为止的时间为一个月；从2月5日零时开始，至3月5日零时（即3月4日24时）为止的时间为一个月。

1.1.18 “不可抗力”是指委托人和监理人在订立本合同时不可预见，在工程施工过程中不可避免发生并不能克服的自然灾害和社会性突发事件，如地震、海啸、瘟疫、水灾、骚乱、暴动、战争和专用条件约定的其他情形。

根据《中华人民共和国民法通则》，不可抗力是指“不能预见、不能避免和不能克服的客观情况”。引起不可抗力的原因有两种：一是自然原因，如洪水、暴风、地震、干旱、暴风雪等人类无法控制的大自然力量；二是社会原因，如战争、罢工、政府禁止令等。

不可抗力是一项免责条款，是指合同签订后，不是由于合同当事人的过失或疏忽，而是由于发生了合同当事人无法预见、无法避免和无法控制的事件，以致不能履行或不能如期履行合同，发生意外事件的一方可以免除履行合同的责任或者推迟履行合同。

1.2　解释

1.2.1　本合同使用中文书写、解释和说明。如专用条件约定使用两种及以上语言文字时，应以中文为准。

在通常情况下，本合同应使用中文书写、解释和说明。如果需要使用中文以外的其他语言文字，必须在专用条件中约定，即：在专用条件1.2.1款空格处填写相应语种。使用两种及以上语言文字的，仍应以中文为准。

1.2.2　组成本合同的下列文件彼此应能相互解释、互为说明。除专用条件另有约定外，本合同文件的解释顺序如下：

（1）协议书；

（2）中标通知书（适用于招标工程）或委托书（适用于非招标工程）；

（3）专用条件及附录A、附录B；

（4）通用条件；

（5）投标文件（适用于招标工程）或监理与相关服务建议书（适用于非招标工程）。

双方签订的补充协议与其他文件发生矛盾或歧义时，属于同一类内容的文件，应以最新签署的为准。

在通常情况下，确定合同文件解释顺序的基本原则是按照时间顺序后者优先。属于同一类内容的文件之间发生矛盾或歧义的，应以最新约定或签署的为准。当然，合同双方当事人也可在专用条件中约定合同文件的解释顺序，即在专用条件1.2.2款空格处填写双方约定的合同文件解释顺序。

2　监理人的义务

2.1　监理的范围和工作内容

2.1.1　监理范围在专用条件中约定。

建设工程监理范围是指建设单位委托监理单位实施监理的工程范围。建设工程监理范围可能是整个建设工程，也可能是建设工程中一个或若干施工标段，还可能是一个或若干施工标段中的部分工程（如土建工程、机电设备安装工程、玻璃幕墙工程、桩基工程等）。合同双方当事人需要在专用条件2.1.1款中明确建设工程监理的具体范围。如：××施工标段土建工程监理。

2.1.2　除专用条件另有约定外，监理工作内容包括：

(1) 收到工程设计文件后编制监理规划，并在第一次工地会议7天前报委托人。根据有关规定和监理工作需要，编制监理实施细则；

(2) 熟悉工程设计文件，并参加由委托人主持的图纸会审和设计交底会议；

(3) 参加由委托人主持的第一次工地会议；主持监理例会并根据工程需要主持或参加专题会议；

(4) 审查施工承包人提交的施工组织设计，重点审查其中的质量安全技术措施、专项施工方案与工程建设强制性标准的符合性；

(5) 检查施工承包人工程质量、安全生产管理制度及组织机构和人员资格；

(6) 检查施工承包人专职安全生产管理人员的配备情况；

(7) 审查施工承包人提交的施工进度计划，核查承包人对施工进度计划的调整；

(8) 检查施工承包人的试验室；

(9) 审核施工分包人资质条件；

(10) 查验施工承包人的施工测量放线成果；

(11) 审查工程开工条件，对条件具备的签发开工令；

(12) 审查施工承包人报送的工程材料、构配件、设备质量证明文件的有效性和符合性，并按规定对用于工程材料采取平行检验或见证取样方式进行抽检；

(13) 审核施工承包人提交的工程款支付申请，签发或出具工程款支付证书，并报委托人审核、批准；

(14) 在巡视、旁站和检验过程中，发现工程质量、施工安全存在事故隐患的，要求施工承包人整改并报委托人；

(15) 经委托人同意，签发工程暂停令和复工令；

(16) 审查施工承包人提交的采用新材料、新工艺、新技术、新设备的论证材料及相关验收标准；

(17) 验收隐蔽工程、分部分项工程；

(18) 审查施工承包人提交的工程变更申请，协调处理施工进度调整、费用索赔、合同争议等事项；

(19) 审查施工承包人提交的竣工验收申请，编写工程质量评估报告；

(20) 参加工程竣工验收，签署竣工验收意见；

(21) 审查施工承包人提交的竣工结算申请并报委托人；

(22) 编制、整理工程监理归档文件并报委托人。

建设工程监理在我国是一种强制实行的制度。根据《建设工程质量管理条例》及《建设工程监理范围和规模标准规定》，下列建设工程必须实行监理：①国家重点建设工程；②大中型公用事业工程；③成片开发建设的住宅小区工程；④利用外国政府或者国际组织贷款、援助资金的工程；⑤国家规定必须实行监理的其他工程。

对于强制实施监理的建设工程，本合同通用条件中约定的22项工作属于监理单位需要完成的基本工作，也是确保建设工程监理取得成效的重要基础。

(1) 编制监理规划和监理实施细则

监理单位在收到工程设计文件后，应由总监理工程师组织编制监理规划。监理规划指导项目监理机构全面开展监理工作的文件。《建设工程监理规范》明确了监理规划应包括的内容。监理规划经监理单位技术负责人批准后，应在第一次工地会议7天前报委托人。

监理实施细则是针对某一专业或某一方面监理工作的操作性文件。监理实施细则应由专业监理工程师根据有关规定和建设工程监理工作需要编制。监理实施细则须经总监理工程师批准后方可实施。

(2) 参加图纸会审和设计交底会议

工程设计文件是建设工程监理的重要依据。监理单位收到设计文件后，总监理工程师应组织项目监理机构的监理人员尽快熟悉工程设计文件，并参加由委托人主持的图纸会审和设计交底会议，总监理工程师还应对会议纪要进行会签。

(3) 参加第一次工地会议并主持监理例会

第一次工地会议由委托人主持，根据《建设工程监理规范》，会议主要内容包括：

1) 建设单位、施工单位和监理单位分别介绍各自驻现场的组织机构、人员及其分工；

2) 建设单位根据建设工程监理合同宣布对总监理工程师的授权；

3) 建设单位介绍工程开工准备情况；

4) 施工单位介绍施工准备情况；

5) 建设单位项目负责人和总监理工程师对施工准备情况提出意见和要求；

6) 总监理工程师介绍监理规划的主要内容；

7) 研究确定各方在施工过程中参加监理例会的主要人员，召开监理例会周期、地点及主要议题。

在施工过程中，总监理工程师应定期主持召开监理例会。建设、施工单位应参加监理例会，必要时，勘察、设计、材料设备供应、监测、检测等单位也应参加。会议纪要应由项目监理机构负责整理，并经与会各方代表确认。

(4) 审查施工组织设计、专项施工方案

审查施工承包人提交的施工组织设计是项目监理机构控制建设工程质量的主要工作内容之一。同时，根据《建设工程安全生产管理条例》第14条，项目监理机构应审查施工组织设计中的安全技术措施、专项施工方案是否符合工程建设强制性标准，这是项目监理机构安全生产管理的重要工作内容。

(5) 检查施工单位的工程质量、安全生产管理制度、组织机构及人员

施工单位应针对所承包工程建立完善的工程质量、安全生产管理制度，并根据工程规模、专业特点等建立项目管理组织机构，明确项目管理职责，配备符合条件的管理人员及作业人员，如项目经理需要注册建造师担任、特种作业人员需要岗位证书等。这些既是施工单位保证工程质量、安全生产的重要基础，也是项目监理机构检查的主要内容。

(6) 检查施工单位专职安全生产管理人员的配备情况

根据《建设工程安全生产管理条例》第23条，施工单位应当配备专职安全生产管理人员。因此，项目监理机构应检查施工单位是否配备符合要求的专职安全生产管理人员。

(7) 审查施工进度计划

项目监理机构应审查施工单位报送的施工总进度计划和阶段性施工进度计划。审查的主要内容包括：

1）进度计划是否符合建设工程施工合同中工期的约定；

2）进度计划中主要工程项目是否有遗漏，是否满足分批动用或配套动用的需要，阶段性施工进度计划是否满足总进度控制目标的要求；

3）施工顺序的安排是否符合施工工艺要求；

4）施工人员、工程材料、施工机械等资源供应计划是否满足施工进度计划的需要；

5）由建设单位提供的施工条件（资金、施工图纸、施工场地、物资等）是否满足施工进度计划的需要。

在施工进度计划实施过程中，如果需要调整施工进度计划，项目监理机构还应核查施工单位调整后的施工进度计划。

(8) 检查施工单位的试验室

施工单位试验室的检查内容主要包括：

1）试验室的资质等级及试验范围；

2）法定计量部门对试验设备出具的计量检定证明；

3）试验室管理制度；

4）试验人员资格证书。

(9) 审核施工分包单位资质条件

分包单位资质条件的审查内容主要包括：

1）营业执照、企业资质等级证书；

2）安全生产许可文件；

3）类似工程业绩；

4）专职管理人员和特种作业人员的资格证书。

(10) 查验施工单位的施工测量放线成果

项目监理机构应检查施工单位测量人员的资格证书及测量设备检定证书，复核控制桩的校核成果、控制桩的保护措施以及平面控制网、高程控制网和临时水准点的测量成果。

(11) 签发开工令

项目监理机构应审查工程开工条件，具备以下条件的，由总监理工程师签署审查意见，并报建设单位审批：

1）设计交底和图纸会审已完成；

2）施工组织设计已由总监理工程师签认；

3）施工单位现场质量、安全生产管理体系已建立，管理及施工人员已到位，施工机械具备使用条件，主要工程材料已落实；

4）进场道路及水、电、通信等已满足开工要求。

（12）控制工程材料、设备、构配件的质量

项目监理机构应审查施工单位报送的工程材料、设备、构配件的质量证明资料，判断其有效性和符合性，并按规定对用于工程的材料进行平行检验或见证取样。

（13）签发或出具工程款支付证书

项目监理机构应按建设工程施工合同对已完合格工程进行计量，审核施工单位提交的工程款支付申请，签发或出具工程款支付证书，并报建设单位审核、批准。

（14）控制工程质量、生产安全事故隐患

根据《建设工程质量管理条例》第38条，监理工程师应当按照工程监理规范的要求，采取旁站、巡视和平行检验等形式，对建设工程实施监理。根据《建设工程安全生产管理条例》第14条，工程监理单位在实施监理过程中，发现存在安全事故隐患的，应当要求施工单位整改；情况严重的，应当要求施工单位暂时停止施工，并及时报告建设单位。施工单位拒不整改或者不停止施工的，工程监理单位应当及时向有关主管部门报告。因此，监理工程师在巡视、旁站和检验过程中，发现工程质量、施工安全存在事故隐患的，应要求施工单位整改，情况严重的，应报建设单位。

（15）签发工程暂停令和复工令

在工程施工过程中，出现下列情形之一的，总监理工程师应签发工程暂停令：

1）建设单位要求暂停施工的；

2）为保证工程质量而需要进行停工处理的；

3）发现生产安全事故隐患，有必要停工以消除隐患的；

4）超过一定规模的危险性较大的分部分项工程未按照已通过专家论证的方案施工的；

5）发生必须暂时停止施工的紧急事件的；

6）施工单位未经许可擅自施工，或拒绝执行项目监理机构指令的。

总监理工程师签发工程暂停令应事先征得建设单位同意，在紧急情况下未能事先报告的，则应在24小时内向建设单位作出书面报告。

在工程暂停施工原因消失、具备复工条件时，总监理工程师应及时签署工程复工报审表，或指令施工单位恢复施工。

（16）控制新材料、新工艺、新技术、新设备的质量

施工单位采用新材料、新工艺、新技术、新设备时，项目监理机构应审查施工单位提交的采用新材料、新工艺、新技术、新设备的论证材料及相关验收标准。同时，项目监理机构还应编制相应的监理实施细则。

（17）验收隐蔽工程、分部分项工程

施工单位完成的隐蔽工程、分部分项工程，经自检合格后需报项目监理机构验收。未经项目监理机构验收或验收不合格，施工单位不得进入下一道工序施工。

（18）处理工程变更及索赔

项目监理机构应按下列程序处理施工单位提出的工程变更：

1）总监理工程师组织专业监理工程师审查施工单位提出的工程变更申请，提出审查意见。

对涉及设计文件修改的工程变更，应由建设单位转交原设计单位修改设计文件。必要时，项目监理机构应组织建设、设计、施工等单位召开专题会议，论证设计文件的修改方案。

2）总监理工程师根据实际情况、工程变更文件和其他有关资料，基于专业监理工程师对下列内容的分析结果，对工程变更的费用和工期作出评估：

①工程变更项目与原工程项目之间的类似程度和难易程度；

②工程变更项目的工程量；

③工程变更项目的单价或总价；

④工程变更对工期的影响程度。

3）组织建设、施工等单位协商确定工程变更的费用及工期，会签工程变更单。

4）根据工程变更单监督施工单位实施工程变更。

项目监理机构批准索赔的必要条件：

1）施工单位在建设工程施工合同约定的期限内提出费用索赔、工程延期；

2）索赔事件是非施工单位原因造成的，索赔费用时不可抗力因素除外；

3）索赔事件造成施工单位直接经济损失、影响建设工程施工合同约定的工期。

（19）编写工程质量评估报告

工程完工后，施工单位在自检合格的基础上，向项目监理机构提交工程竣工验收申请。项目监理机构收到工程竣工验收申请后，总监理工程师应组织专业监理工程师对工程实体质量情况及竣工资料进行全面检查，需要进行功能试验（包括单机试车和无负荷试车）的，项目监理机构应审查试验报告单。

工程竣工预验收合格后，项目监理机构应编写工程质量评估报告，经总监理工程师和监理单位技术负责人审核签字后报建设单位。工程质量评估报告的主要内容包括：

1）工程概况；

2）工程各主要参建单位；

3）工程质量验收情况；

4）工程质量事故及其处理情况；

5）竣工资料审查情况；

6）工程质量评估结论。

（20）参加工程竣工验收

项目监理机构应参加由建设单位组织的工程竣工验收，对验收中提出的整改问题，要求施工单位及时整改。工程质量符合要求的，总监理工程师应在工程竣工验收报告中签署工程竣工验收意见。

（21）审查工程竣工结算

项目监理机构应按有关工程结算规定及建设工程合同约定对施工单位提交的竣工结算申请进行审核。与建设单位、施工单位协商达成一致意见后，由总监理工程师签署结算报告，并报建设单位。

（22）编制、整理工程监理文件资料

项目监理机构应负责监理文件资料的收集、汇总及整理，监理工作完成后应进行归档并按有关规定报建设单位。

除以上22项基本工作外，合同双方当事人约定的其他监理工作内容应在专用条件2.1.2款空格处填写。

2.1.3　相关服务的范围和内容在附录A中约定。

合同双方当事人约定的不同阶段（勘察阶段、设计阶段、招标阶段、保修阶段及其他专业技术咨询、外部协调工作等）相关服务范围和内容应在附录A的相应空格处填写。

2.2　监理与相关服务依据

2.2.1　监理依据包括：

（1）适用的法律、行政法规及部门规章；

（2）与工程有关的标准；

（3）工程设计及有关文件；

（4）本合同及委托人与第三方签订的与实施工程有关的其他合同。

双方根据工程的行业和地域特点，在专用条件中具体约定监理依据。

监理单位实施建设工程监理的主要依据包括：①法律法规及部门规章，如：《建筑法》、《建设工程质量管理条例》、《建设工程安全生产管理条例》、《民用建筑节能条例》等；②与本工程有关的建设工程技术标准和管理标准（包括工程建设强制性标准）；③建设工程设计文件及其他相关文件，既是建设工程施工的重要依据，也是建设工程监理的主要依据；④建设工程监理合同及建设单位与勘察单位、设计单位、施工单位、材料设备供应单位等签订的相关合同。建设工程监理合同是监理单位实施监理的直接依据，与此同时，建设单位与其他相关单位签订的合同也是监理单位实施监理的重要依据。

以上建设工程监理依据是适用与各类工程的通用标准，合同双方当事人还根据工程的行业和地域特点，另外约定建设工程监理依据，并在专用条件2.2.1款空格处写明。

2.2.2　相关服务依据在专用条件中约定。

如果建设单位委托监理单位提供相关服务，则合同双方当事人需要在专用条件2.2.2款空格处写明相关服务依据。

2.3　项目监理机构和人员

2.3.1　监理人应组建满足工作需要的项目监理机构，配备必要的检测设备。项目监理机构的主要人员应具有相应的资格条件。

项目监理机构应由总监理工程师、专业监理工程师和监理员组成，且专业配套、人员数量满足监理工作需要。总监理工程师必须由注册监理工程师担任，必要时可设总监理工程师代表。配备必要的检测设备，是保证建设工程监理效果的重要基础。

2.3.2　本合同履行过程中，总监理工程师及重要岗位监理人员应保持相对稳定，以保证监理工作正常进行。

监理单位应按投标文件配置项目监理机构人员，不应随意更换总监理工程师及重要岗位监理人员。确实需要更换的，应按2.3.3款要求进行。

2.3.3　监理人可根据工程进展和工作需要调整项目监理机构人员。监理人更换总监理工程师时，应提前7天向委托人书面报告，经委托人同意后方可更换；监理人更换项目监理机构其他监理人员，应以相当资格与能力的人员替换，并通知委托人。

监理单位更换总监理工程师，必须经建设单位同意。为此，监理单位应在更换总监理工程师7天前应书面报告建设单位，经建设单位同意后才能更换。项目监理机构中其他监理人员的更换，应以不低于现有资格与能力为原则，监理单位应将更换情况通知建设单位。

2.3.4　监理人应及时更换有下列情形之一的监理人员：
（1）有严重过失行为的；
（2）有违法行为不能履行职责的；
（3）涉嫌犯罪的；
（4）不能胜任岗位职责的；
（5）严重违反职业道德的；
（6）专用条件约定的其他情形。

有上述（1）~（5）情形之一的，监理单位应及时更换监理人员。合同双方当事人还可约定更换监理人员的其他情形，并在专用条件2.3.4款空格处将约定的情形写明。

2.3.5　委托人可要求监理人更换不能胜任本职工作的项目监理机构人员。

建设单位有权要求监理单位更换不能胜任本职工作的项目监理机构人员。

2.4　履行职责

监理人应遵循职业道德准则和行为规范，严格按照法律法规、工程建设有关标准及本合同履行职责。

2.4.1　在监理与相关服务范围内，委托人和承包人提出的意见和要求，监理人应及时提出处置意见。当委托人与承包人之间发生合同争议时，监理人应协助委托人、承包人协商解决。

在建设工程监理与相关服务范围内，项目监理机构应及时处置建设单位、施工单位及有关各方的意见和要求。项目监理机构应充分发挥协调作用，当建设单位与施工单位及其他合同当事人发生合同争议时，与建设单位、施工单位及其他合同当事人协商解决。

2.4.2　当委托人与承包人之间的合同争议提交仲裁机构仲裁或人民法院审理时，监理人应提供必要的证明资料。

建设单位与施工单位及其他合同当事人发生合同争议的，首先应通过协商、调解等方式解决。如果协商、调解不成而通过仲裁或诉讼途径解决的，监理单位应按仲裁机构或法院要求提供必要的证明材料。

2.4.3　监理人应在专用条件约定的授权范围内，处理委托人与承包人所签订合同的变更事宜。如果变更超过授权范围，应以书面形式报委托人批准。

在紧急情况下，为了保护财产和人身安全，监理人所发出的指令未能事先报委托人批准时，应在发出指令后的24小时内以书面形式报委托人。

建设单位对监理单位的授权范围应在专用条件2.4.3款空格处明确，并在该条款处明确工程延期的授权范围（天数）、价款变更的授权范围（万元）。项目监理机构在该授权范围内，不需要事先请示建设单位，即可直接向施工单位及其他合同当事人发布工程延期、价款变更通知。

如果在紧急情况下，为了保护财产和人身安全，项目监理机构可不经请示建设单位而直接发布指令，但应在发出指令后的24小时内以书面形式报建设单位。这样，项目监理机构就拥有一定的现场处置权。

2.4.4　除专用条件另有约定外，监理人发现承包人的人员不能胜任本职工作的，有权要求承包人予以调换。

施工单位及其他合同当事人的人员不称职，会影响建设工程的顺利实施。为此，项目监理机构有权要求施工单位及其他合同当事人调换不能胜任本职工作的人员。与此同时，为限制项目监理机构在此方面有过大的权力，建设单位与监理单位可在专用条件

2.4.4款空格处约定项目监理机构指令施工单位及其他合同当事人调换其人员的限制条件。

2.5　提交报告

监理人应按专用条件约定的种类、时间和份数向委托人提交监理与相关服务的报告。

项目监理机构向建设单位提交的报告应包括监理规划、监理月报，还可根据需要提交专项报告等。各种报告的提交时间（如监理月报应在每月何时提交等）和份数应在专用条件2.5条空格处予以明确。

2.6　文件资料

在本合同履行期内，监理人应在现场保留工作所用的图纸、报告及记录监理工作的相关文件。工程竣工后，应当按照档案管理规定将监理有关文件归档。

建设工程监理工作中所用的图纸、报告是建设工程监理工作的重要依据，记录建设工程监理工作的相关文件是建设工程监理工作的重要证据，也是衡量建设工程监理效果的主要依据之一。发生工程质量、生产安全事故时，也是判别建设工程监理责任的重要依据。项目监理机构应设专人负责建设工程监理文件资料管理工作。工程竣工后，应当按照档案管理规定将建设工程监理有关文件归档。

2.7　使用委托人的财产

监理人无偿使用附录B中由委托人派遣的人员和提供的房屋、资料、设备。除专用条件另有约定外，委托人提供的房屋、设备属于委托人的财产，监理人应妥善使用和保管，在本合同终止时将这些房屋、设备的清单提交委托人，并按专用条件约定的时间和方式移交。

在建设工程监理与相关服务过程中，建设单位派遣的人员以及提供给项目监理机构无偿使用的房屋、资料、设备应在附录B中予以明确。

建设单位提供的房屋、设备的所有权可在专用条件2.7条空格处予以明确。项目监理机构应妥善使用并注意保管这些财产。属于建设单位财产的，在本合同终止时，项目监理机构应将这些财产移交建设单位。具体移交时间和方式应在专用条件2.7条空格处予以明确。

3　委托人的义务

3.1　告知

委托人应在委托人与承包人签订的合同中明确监理人、总监理工程师和授予项目监理机构的权限。如有变更，应及时通知承包人。

建设单位应在其与施工单位及其他合同当事人签订的施工、勘察设计、材料设备采购等合同中明确监理单位名称、总监理工程师姓名以及建设单位授予项目监理机构的权限。

如果建设单位在签订本合同之前，已与施工单位及其他合同当事人签订与本合同相关的合同，建设单位应以书面形式及时通知施工单位及其他合同当事人。

如果监理单位、总监理工程师以及建设单位授予项目监理机构的权限有变更，建设单位也应以书面形式及时通知施工单位及其他合同当事人。

3.2　提供资料

委托人应按照附录 B 约定，无偿向监理人提供工程有关的资料。在本合同履行过程中，委托人应及时向监理人提供最新的与工程有关的资料。

建设单位提供的与工程有关的资料均有时效性，对于在本合同履行过程中发生的与监理工作范围有关的工程资料，建设单位应及时提供给项目监理机构。由于工程有关资料未能及时提供而造成项目监理机构不能正常工作或造成工作偏差（失误），监理单位不应承担相关责任。

3.3　提供工作条件

委托人应为监理人完成监理与相关服务提供必要的条件。

3.3.1　委托人应按照附录 B 约定，派遣相应的人员，提供房屋、设备，供监理人无偿使用。

建设单位派遣人员的工作原则上由监理单位安排，如果其派遣的人员不能胜任所安排的工作，监理单位可要求建设单位调换。

对于建设单位提供的无偿使用的房屋、设备和设施，如果在使用过程中所发生的水、电、煤、油及通信费用等需要监理单位支付的，应在专用条件中约定。

3.3.2　委托人应负责协调工程建设中所有外部关系，为监理人履行本合同提供必要的外部条件。

这里的外部关系是指与本工程有关的各级政府建设主管部门、建设工程安全质量监督机构，以及城市规划、卫生防疫、人民防空、技术检督、交警、乡镇街道等管理部门之间的关系，还有与本工程有关的各管线单位等之间的关系。如果建设单位将工程建设中所有或部分外部关系的协调工作委托监理单位完成的，则应与监理单位协商，并在专用条件中约定或签订补充协议，支付相关费用。

3.4 委托人代表

委托人应授权一名熟悉工程情况的代表，负责与监理人联系。委托人应在双方签订本合同后7天内，将委托人代表的姓名和职责书面告知监理人。当委托人更换委托人代表时，应提前7天通知监理人。

建设单位代表应熟悉工程情况，并在授权范围内就日常管理工作与项目监理机构联系。建设单位代表的姓名应在专用条件3.4条空格处予以明确。

3.5 委托人意见或要求

在本合同约定的监理与相关服务工作范围内，委托人对承包人的任何意见或要求应通知监理人，由监理人向承包人发出相应指令。

为使监理单位更好地完成本合同约定的建设工程监理与相关服务工作，便于监理单位及时协商和落实建设单位对施工单位及其他合同当事人的意见和要求，建设单位应首先通知监理单位，由监理单位再向施工单位及其他合同当事人发出相应指令。

对于不属于本合同约定的工作范围内的任何意见或要求，建设单位可直接向施工单位及其他合同当事人提出。

3.6 答复

委托人应在专用条件约定的时间内，对监理人以书面形式提交并要求作出决定的事宜，给予书面答复。逾期未答复的，视为委托人认可。

对于监理单位以书面形式提交并要求作出决定的事宜，建设单位应在约定的时间内给予书面答复。答复时限应在专用条件3.6条空格处予以明确。这样，有利于监理单位顺利开展建设工程监理与相关服务工作。

3.7 支付

委托人应按本合同约定，向监理人支付酬金。

建设单位应按本合同（包括补充协议）约定的额度、时间和方式等向监理单位支付酬金。

4 违约责任

4.1 监理人的违约责任

监理人未履行监理合同义务的，应承担相应的责任。

4.1.1 因监理人违反本合同约定给委托人造成损失的，监理人应当赔偿委托人损失。赔偿金额的确定方法在专用条件中约定。监理人承担部分赔偿责任的，其承担赔偿金额由双方协商确定。

根据《合同法》第107条，“当事人一方不履行合同义务或者履行合同义务不符合约定的，应当承担继续履行、采取补救措施或者赔偿损失等违约责任”。监理单位未履行合同义务或未正确履行合同义务，均应承担违约责任。

（1）违约

监理单位的违约情况包括不履行合同义务的故意行为和未正确履行合同义务的过错行为。监理单位未能按照通用条件和专用条件2.1条及附录A中约定的工作范围和内容履行建设工程监理与相关服务的义务，或履行义务不符合合同约定，均属于违约行为。

监理单位不履行合同义务的情形包括：

1）无正当理由单方解除合同；

2）无正当理由不履行合同约定的义务。

监理单位未正确履行合同义务的情形包括：

1）未完成合同约定范围内的工作；

2）未按规范程序进行监理；

3）未按正确数据进行判断而向施工单位及其他合同当事人发出错误指令；

4）未能及时发出相关指令，导致工程实施进程发生重大延误或混乱；

5）发出错误指令，导致工程受到损失等。

（2）承担违约责任的形式

根据《合同法》第110条“当事人一方不履行非金钱债务或者履行非金钱债务不符合约定的，对方可以要求履行”，以及《合同法》第112条“当事人不履行合同义务或者履行合同义务不符合约定的，在履行义务或者采取补救措施后，对方还有其他损失的，应当赔偿损失”的规定，监理单位不履行合同约定义务的，应赔偿建设单位因此而蒙受的损失；监理单位未正确履行合同义务的，应继续履行合同义务并主动采取补救措施，或按建设单位要求采取有效补救措施。若因未正确履行合同义务导致工程造成实际损失，应承担连带赔偿责任。

（3）违约赔偿

1）监理单位不履行合同义务给建设单位造成实际损失的，应承担违约赔偿责任。

2）由于监理单位对工程的质量、进度、造价、安全生产仅负有监督、协调、控制的责任，因此，监理单位未正确履行合同义务给工程造成实际损失的，应承担连带赔偿责任。

当本合同协议书中是根据《建设工程监理与相关服务收费管理规定》（发改价格［2007］670号）约定酬金的，则应按专用条件4.1.1款约定的百分比方法计算监理单位应承担的赔偿金额：

赔偿金＝直接经济损失×正常工作酬金÷工程概算投资额（或建筑安装工程费）

4.1.2　监理人向委托人的索赔不成立时，监理人应赔偿委托人由此发生的费用。

建设单位与监理单位应集中精力关注工程实施过程第三方履行相关合同的监督、协调和管理，尽量减少本合同双方当事人的索赔以致合同争议。因此，本合同的索赔规定不同于工程勘察合同、设计合同、施工合同、供货合同等的规定，如果监理单位的索赔不成立，需要赔偿建设单位因处理索赔而发生的相应费用。

4.2 委托人的违约责任

委托人未履行本合同义务的，应承担相应的责任。

4.2.1 委托人违反本合同约定造成监理人损失的，委托人应予以赔偿。

建设单位未履行“3 委托人的义务”前 6 条规定的，可采取补救措施纠正违约行为。若导致监理单位发生订立合同时不能合理预见的损失的，还应承担相应的赔偿责任，如按附加工作增加酬金等。

建设单位未按附录 B 约定提供设施而改由监理单位自备的，则应补偿相应费用。

4.2.2 委托人向监理人的索赔不成立时，应赔偿监理人由此引起的费用。

本款与 4.1.2 款关于监理单位的索赔规定对等。如果建设单位的索赔不成立，同样需要赔偿监理单位因处理索赔而发生的相应费用。

4.2.3 委托人未能按期支付酬金超过 28 天，应按专用条件约定支付逾期付款利息。

建设单位未能按照本合同约定的时间支付相应酬金，且支付时间超过 28 天的，应赔偿监理单位的融资成本损失（逾期付款利息）。逾期付款利息应按专用条件 4.2.3 款约定的方法计算（拖延支付天数应从应支付日算起）：

逾期付款利息 = 当期应付款总额 × 银行同期贷款利率 × 拖延支付天数

4.3 除外责任

因非监理人的原因，且监理人无过错，发生工程质量事故、安全事故、工期延误等造成的损失，监理人不承担赔偿责任。

因不可抗力导致本合同全部或部分不能履行时，双方各自承担其因此而造成的损失、损害。

由于监理单位不承包工程的实施，因此，在监理单位无过错的前提下，由于第三方原因使建设工程遭受损失的，监理单位不承担赔偿责任。

不可抗力是指合同双方当事人均不能预见、不能避免、不能克服的客观原因引起的事件，根据《合同法》第 117 条“因不可抗力不能履行合同的，根据不可抗力的影响，部分或者全部免除责任”的规定，按照公平、合理原则，合同双方当事人应各自承担其因不可抗力而造成的损失、损害。

因不可抗力导致监理单位现场的物质损失和人员伤害，由监理单位自行负责。如果建设单位投保的“建筑工程一切险”或“安装工程一切险”的被保险人中包括监理单位，则监理单位的物质损害也可从保险公司获得相应的赔偿。

监理单位应自行投保现场监理人员的意外伤害保险。

不可抗力导致监理服务期限的延长，除6.2.4款规定不可抗力发生后的善后工作，以及不可抗力影响消失后恢复承包合同履行前的准备工作时间的两种情况外，监理单位自行负责暂停服务时间的损失。

5　支付

5.1　支付货币

除专用条件另有约定外，酬金均以人民币支付。涉及外币支付的，所采用的货币种类、比例和汇率在专用条件中约定。

本合同约定的酬金已外币支付的，应在专用条件5.1条空格处明确涉及的外币币种（如美元、英镑、欧元、港币等）、人民币与各种外币在酬金总额中所占比例以及人民币与各种外币之间的汇率。

5.2　支付申请

监理人应在本合同约定的每次应付款时间的7天前，向委托人提交支付申请书。支付申请书应当说明当期应付款总额，并列出当期应支付的款项及其金额。

监理单位为确保按时获得酬金，应在本合同约定的应付款时间的7天前向建设单位提出书面申请。申请支付的酬金可包括专用条件5.3条中约定的正常工作酬金，以及合同履行过程中发生的附加工作酬金及费用、合理化建议的奖金。

5.3　支付酬金

支付的酬金包括正常工作酬金、附加工作酬金、合理化建议奖励金额及费用。

合同双方当事人应在专用条件5.3条中约定正常工作酬金支付的时间和金额。必要时，附加工作酬金的支付时间和金额应通过补充协议约定。

在本合同履行过程中，由于建设工程投资规模、监理范围发生变化，建设工程监理与相关服务工作的内容、时间发生变化，以及其他相关因素等的影响，建设单位应支付的酬金可能会不同于签订本合同时约定的酬金（即签约酬金）。实际支付的酬金可包括正常工作酬金、附加工作酬金、合理化建议奖励金额及费用。

5.4　有争议部分的付款

委托人对监理人提交的支付申请书有异议时，应当在收到监理人提交的支付申请书后7天内，以书面形式向监理人发出异议通知。无异议部分的款项应按期支付，有异议部分的款项按第7条约定办理。

建设单位若对监理单位提出的酬金支付申请有异议，应及时发出异议通知。在收到监理单位提交的支付申请书后7天内未发出异议通知，便视为认可监理单位提出的申请。

建设单位如果对支付款项无异议，应及时支付；即使有异议，也应按期支付无异议部分的款项，以免影响监理单位的正常工作。

6　合同生效、变更、暂停、解除与终止

6.1　生效

除法律另有规定或者专用条件另有约定外，委托人和监理人的法定代表人或其授权代理人在协议书上签字并盖单位章后本合同生效。

建设工程监理合同属于无生效条件的委托合同，因此，合同双方当事人依法订立后合同即生效。如果专用条件另有约定的，应在专用条件6.1条空格处写明本合同生效的条件。

6.2　变更

6.2.1　任何一方提出变更请求时，双方经协商一致后可进行变更。

在合同履行期间，由于主观或客观条件的变化，当事人任何一方均可提出变更合同的要求。根据《合同法》第77条“当事人协商一致，可以变更合同”的规定，经过双方协商达成一致后可以变更合同。如：建设单位提出增加监理或相关服务工作的范围或内容；监理单位提出委托工作范围内工程的改进或优化建议并经委托人同意后实施等。

6.2.2　除不可抗力外，因非监理人原因导致监理人履行合同期限延长、内容增加时，监理人应当将此情况与可能产生的影响及时通知委托人。增加的监理工作时间、工作内容应视为附加工作。附加工作酬金的确定方法在专用条件中约定。

在本合同履行期间，出现了订立合同时双方当事人不能合理预见的情况，致使监理单位按照合同义务的规定，必须完成约定的监理与相关服务期限和范围以外的工作均视为附加工作。附加工作实质上属于合同变更的范畴，由于监理单位完成附加工作导致服务成本增加，因此，建设单位应支付监理单位附加工作酬金。

附加工作分为延长监理或相关服务时间、增加服务工作内容两类。增加服务工作内容的附加工作酬金，合同双方当事人根据实际增加的工作内容协商确定。延长监理或相关服务时间的附加工作酬金，按专用条件6.2.2款的计算公式计算：

附加工作酬金=本合同期限延长时间（天）×正常工作酬金÷协议书约定的监理与相关服务期限（天）

6.2.3　合同生效后，如果实际情况发生变化使得监理人不能完成全部或部分工作时，监理人应立即通知委托人。除不可抗力外，其善后工作以及恢复服务的准备工作应为附加工作，附加工作酬金的确定方法在专用条件中约定。监理人用于恢复服务的准备时间不应超过28天。

在本合同生效后，出现致使监理单位不能完成全部或部分工作的情况可能包括：

（1）因建设单位原因致使监理单位服务的工程被迫终止；

（2）因建设单位原因致使被监理合同终止；

（3）因施工单位或其他合同当事人原因致使被监理合同终止，实施本工程需要更换施工单位或其他合同当事人；

（4）不可抗力原因致使被监理合同暂停履行或终止等。

监理单位发现不能完成全部或部分工作时，应立即通知建设单位，一方面请建设单位针对发生的情况做出相应决定，另一方面也为确定附加工作及附加工作酬金奠定基础。

监理单位在被监理合同暂停履行、终止后的善后服务工作，以及恢复服务的准备工作，均按增加服务的时间计算附加工作酬金。本合同对监理单位用于恢复服务的准备时间作出限定，不应超过28天。

专用条件6.2.3款给出了附加工作酬金的计算公式：

附加工作酬金=善后工作及恢复服务的准备工作时间（天）×正常工作酬金÷协议书约定的监理与相关服务期限（天）

6.2.4　合同签订后，遇有与工程相关的法律法规、标准颁布或修订的，双方应遵照执行。由此引起监理与相关服务的范围、时间、酬金变化的，双方应通过协商进行相应调整。

在合同履行期间，因法律法规、标准颁布或修订导致监理与相关服务的范围、时间发生变化时，应按合同变更对待，双方通过协商予以调整。增加的监理工作内容或延长的服务时间应视为附加工作。若致使委托范围内的工作相应减少或服务时间缩短，也应调整监理与相关服务的正常工作酬金。

6.2.5　因非监理人原因造成工程投资额或建筑安装工程费增加时，正常工作酬金应作相应调整。调整方法在专用条件中约定。

协议书中约定的监理与相关服务酬金是按照国家颁布的收费标准确定时，其计算基数是工程概算投资额或建筑安装工程费。因非监理人原因造成工程投资额或建筑安装工程费增加时，监理与相关服务酬金的计算基数便发生变化，因此，正常工作酬金应作相应调整。

专用条件6.2.5款给出了正常工作酬金增加额的计算公式：

正常工作酬金增加额＝工程投资额或建筑安装工程费增加额×正常工作酬金÷工程概算投资额（或建筑安装工程费）

如果是按照《建设工程监理与相关服务收费管理规定》（发改价格［2007］670号）约定的合同酬金，增加监理范围调整正常工作酬金时，若涉及专业调整系数、工程复杂程度调整系数变化，则应按实际委托的服务范围重新计算正常监理工作酬金额。

6.2.6　因工程规模、监理范围的变化导致监理人的正常工作量减少时，正常工作酬金应作相应调整。调整方法在专用条件中约定。

在合同履行期间，工程规模或监理范围的变化导致正常工作减少时，监理与相关服务的投入成本也相应减少，因此，也应对协议书中约定的正常工作酬金作出调整。专用条件6.2.6款给出了减少正常工作酬金的基本原则：按减少工作量的比例从协议书约定的正常工作酬金中扣减相同比例的酬金。

如果是按照《建设工程监理与相关服务收费管理规定》（发改价格［2007］670号）约定的合同酬金，减少监理范围后调整正常工作酬金时，如果涉及专业调整系数、工程复杂程度调整系数变化，则应按实际委托的服务范围重新计算正常监理工作酬金额。

6.3　暂停与解除

除双方协商一致可以解除本合同外，当一方无正当理由未履行本合同约定的义务时，另一方可以根据本合同约定暂停履行本合同直至解除本合同。

6.3.1　在本合同有效期内，由于双方无法预见和控制的原因导致本合同全部或部分无法继续履行或继续履行已无意义，经双方协商一致，可以解除本合同或监理人的部分义务。在解除之前，监理人应作出合理安排，使开支减至最小。

因解除本合同或解除监理人的部分义务导致监理人遭受的损失，除依法可以免除责任的情况外，应由委托人予以补偿，补偿金额由双方协商确定。

解除本合同的协议必须采取书面形式，协议未达成之前，本合同仍然有效。

（1）在双方当事人未全部履行完合同义务而解除合同的情形包括：因不可抗力的影响；双方无法预见和控制的原因；当事人违约等。出现前两种情况时，根据《合同法》第93条“当事人协商一致，可以解除合同”的规定，可以解除监理单位的部分义务或提前终止合同。

（2）监理单位在解除合同前，应按照诚信原则对正在实施的工程做出合理安排，将解除合同导致的工程损失减至最小。

(3) 除不可抗力等原因依法可以免除责任外，因建设单位原因致使正在实施的工程取消或暂停等，监理单位有权获得因合同解除导致损失的补偿。补偿金额由双方协商确定。

(4) 由于本合同的订立采用书面形式，因此，双方当事人解除合同的协议也应采用书面形式。

(5) 解除合同的协议未达成前，双方当事人应继续履行本合同约定的义务。

6.3.2　在本合同有效期内，因非监理人的原因导致工程施工全部或部分暂停，委托人可通知监理人要求暂停全部或部分工作。监理人应立即安排停止工作，并将开支减至最小。除不可抗力外，由此导致监理人遭受的损失应由委托人予以补偿。

暂停部分监理与相关服务时间超过182天，监理人可发出解除本合同约定的该部分义务的通知；暂停全部工作时间超过182天，监理人可发出解除本合同的通知，本合同自通知到达委托人时解除。委托人应将监理与相关服务的酬金支付至本合同解除日，且应承担第4.2款约定的责任。

(1) 建设单位因不可抗力影响、筹措建设资金遇到困难、与施工单位解除合同、办理相关审批手续、征地拆迁遇到困难等原因，书面通知监理单位暂停监理或相关服务后，监理单位应采取合理有效措施，将工程损失减至最小。

(2) 暂停监理或相关服务的时间超过182天，监理单位可自主选择继续等待建设单位恢复服务的通知，也可向建设单位发出解除部分或全部义务的通知。若暂停服务仅涉及合同约定的部分工作内容，则视为建设单位已将此部分约定的工作从委托任务中删除，监理单位不需要再履行相应义务；如果暂停全部服务工作，按建设单位违约对待，监理单位单方解除合同。

(3) 监理单位解除合同的通知到达建设单位时合同解除生效，建设单位应将监理与相关服务的酬金支付至合同解除日。

(4) 建设单位对监理单位因解除合同受到的损失，应承担违约赔偿责任。

6.3.3　当监理人无正当理由未履行本合同约定的义务时，委托人应通知监理人限期改正。若委托人在监理人接到通知后的7天内未收到监理人书面形式的合理解释，则可在7天内发出解除本合同的通知，自通知到达监理人时本合同解除。委托人应将监理与相关服务的酬金支付至限期改正通知到达监理人之日，但监理人应承担第4.1款约定的责任。

(1) 建设单位发现监理单位无正当理由不履行合同义务时，首先应发出限期改正的通知。

(2) 建设单位在发出通知后7天内没有收到监理单位书面形式的合理解释，即监理单位没有采取实质性改正违约行为的措施，则可进一步发出解除合同的通知。

(3) 解除合同通知到达监理单位时，合同解除生效。建设单位与监理单位将监理与相关服务的酬金结算至合同解除日。

（4）监理单位因违约行为给建设单位造成的损失，应承担违约赔偿责任。

6.3.4 监理人在专用条件5.3中约定的支付之日起28天后仍未收到委托人按本合同约定应付的款项，可向委托人发出催付通知。委托人接到通知14天后仍未支付或未提出监理人可以接受的延期支付安排，监理人可向委托人发出暂停工作的通知并可自行暂停全部或部分工作。暂停工作后14天内监理人仍未获得委托人应付酬金或委托人的合理答复，监理人可向委托人发出解除本合同的通知，自通知到达委托人时本合同解除。委托人应承担第4.2.3款约定的责任。

（1）建设单位按期支付酬金是其基本义务。监理单位在专用条件约定的支付日的28天后未收到应支付的款项，可发出酬金催付通知。

（2）监理单位在催付通知发出14天后仍未获得支付，或不同意建设单位提出的延期支付安排，则可根据《合同法》第66条行使抗辩权，自行暂停部分或全部服务。

（3）暂停工作后14天内监理单位仍未获得建设单位应付酬金或建设单位的合理答复，监理单位可向建设单位发出解除合同的通知，自通知到达建设单位时合同解除。

（4）建设单位应对支付酬金的违约行为承担违约赔偿责任。

6.3.5 因不可抗力致使本合同部分或全部不能履行时，一方应立即通知另一方，可暂停或解除本合同。

根据《合同法》对不可抗力的免责规定，双方受到的损失、损害各负其责。

6.3.6 本合同解除后，本合同约定的有关结算、清理、争议解决方式的条件仍然有效。

无论是协商解除合同，还是建设单位或监理单位单方解除合同，合同解除生效后，合同约定的有关结算、清理条款仍然有效。单方解除合同的解除通知到达对方时生效，任何一方对对方解除合同的行为有异议，仍可按照约定的合同争议条款采用调解、仲裁或诉讼的程序保护自己的合法权益。

6.4 终止

以下条件全部成就时，本合同即告终止：

（1）监理人完成本合同约定的全部工作；

（2）委托人与监理人结清并支付全部酬金。

工程竣工并移交并不满足本合同终止的全部条件。上述条件全部成就时，本合同有效期终止。

7　争议解决

7.1　协商

双方应本着诚信原则协商解决彼此间的争议。

以解决合同争议为目标的友好协商可以使得解决争议的成本低、效率高，且不伤害双方的协作感情。可以通过协商达成变更协议，有利于合同的继续顺利履行。

7.2　调解

如果双方不能在14天内或双方商定的其他时间内解决本合同争议，可以将其提交给专用条件约定的或事后达成协议的调解人进行调解。

双方协商达不成一致时，可以通过第三方进行调解解决。调解解决合同争议的方式比诉讼或仲裁节省时间、节约费用，是较好解决合同争议的方式。当事人双方订立合同时，可在专用条件7.2条约定调解人。

7.3　仲裁或诉讼

双方均有权不经调解直接向专用条件约定的仲裁机构申请仲裁或向有管辖权的人民法院提起诉讼。

调解不是解决合同争议的必经程序，只有双方均同意后才可以进行调解，任何一方不经过协商或调解可直接将合同争议提交仲裁或诉讼解决。

当事人双方订立合同时应在专用条件7.3条明确约定最终解决合同争议的方式及解决争议的机构名称（仲裁机构或人民法院）。

8　其他

8.1　外出考察费用

经委托人同意，监理人员外出考察发生的费用由委托人审核后支付。

因工程建设需要，监理人员经建设单位同意，可以外出考察施工单位或专业分包单位业绩、材料与设备供应单位、类似工程技术方案等。

无论是建设单位直接要求监理单位外出考察，还是监理单位提出外出考察申请，双方当事人均需协商一致，对考察人员、考察方式、考察费用等内容以书面形式确认。费用发生后，由建设单位审核后及时支付。

8.2　检测费用

委托人要求监理人进行的材料和设备检测所发生的费用，由委托人支付，支付时间在专用条件中约定。

建设单位要求监理单位进行的材料和设备检测所发生的费用不包括法律法规及规范要求监理单位进行平行检验及双方在本合同中约定的正常工作范围内的检验所发生的费用。

由于我国对材料、设备检测有资质要求，因此，监理单位进行材料和设备检测需要有相应的检测资质。

监理单位在实施检测前，应与建设单位协商确定检测项目和费用清单。费用发生后，由建设单位及时支付。

8.3 咨询费用

经委托人同意，根据工程需要由监理人组织的相关咨询论证会以及聘请相关专家等发生的费用由委托人支付，支付时间在专用条件中约定。

根据工程需要，由监理单位组织的相关咨询论证会包括专项技术方案论证会、专项材料或设备采购评标会、质量事故分析论证会等。监理单位在组织相关咨询论证会以及聘请相关专家前，应与建设单位协商，事先以书面形式确定咨询论证会费用清单及聘请的专家。费用发生后，由建设单位及时支付。

8.4 奖励

监理人在服务过程中提出的合理化建议，使委托人获得经济效益的，双方在专用条件中约定奖励金额的确定方法。奖励金额在合理化建议被采纳后，与最近一期的正常工作酬金同期支付。

（1）监理单位提供合理化建议，需要投入大量精力。因此，建设单位对监理单位合理化建议的奖励，是对监理单位的一种激励，有利于实现建设工程投资效益最大化。

（2）因合理化建议使投资节省，可能导致监理单位的正常工作酬金相应减少。因此，合同双方当事人在专用条件中约定奖励金额比例时，应考虑该因素，以提高监理单位提供合理化建议的积极性。

（3）因合理化建议获得的经济效益由合同双方当事人协商确定分享比例。若合理化建议而导致工程施工单位及其他合同当事人承包内容的大量减少，则必须征得施工单位及其他合同当事人同意，并补偿施工单位及其他合同当事人因此而造成的损失。为此，在计算因合理化建议而获得的经济效益时需扣除这部分补偿。

（4）考虑奖励的时效性，本合同规定了奖励金额的支付时间，有利于监理单位在不同阶段都能积极提出合理化建议。

专用条件 8.4 条明确了合理化建议的奖金计算方法：

$$奖励金额 = 工程投资节省额 \times 奖励金额的比率$$

其中，奖励金额的比率由合同双方当事人协商确定后填写在专用条件 8.4 条空格处。

8.5　守法诚信

监理人及其工作人员不得从与实施工程有关的第三方处获得任何经济利益。

根据《建筑法》第34条，“工程监理单位应当根据建设单位的委托，客观、公正地执行监理任务。工程监理单位与被监理工程的承包单位以及建筑材料、建筑构配件和设备供应单位不得有隶属关系或者其他利害关系。”监理单位履行监理义务时，必须实事求是，守法诚信，不得与实施工程有关的第三方发生任何利害关系，不能从其处获得任何经济利益，以确保监理单位的服务客观、公正。

8.6　保密

双方不得泄露对方申明的保密资料，亦不得泄露与实施工程有关的第三方所提供的保密资料，保密事项在专用条件中约定。

根据《合同法》第60条及第92条规定，在合同履行及合同权利义务终止后，当事人均应当遵循诚实信用原则，根据交易习惯履行通知、协助、保密等义务。工程建设中涉及的保密资料，无论双方当事人所提供，还是与实施工程有关的第三方所提供，都必须严格坚持保密原则，并不准非法使用。保密事项一般包括国家安全、商务、技术、经营等秘密信息，具体保密事项和保密期限由合同双方当事人在专用条件8.6条约定。

在本合同履行过程中还需增加保密事项的，则需在补充协议中另行约定。

8.7　通知

本合同涉及的通知均应当采用书面形式，并在送达对方时生效，收件人应书面签收。

所有通知均应采用书面形式，并在送达对方时生效。通知的内容应明确、规范，表述严密，以减少歧义。

（1）当通知采用信件形式时，在信件交到收件人手中时生效。

（2）当通知采用数据电文时，如收件人指定特定系统接收数据电文的，该数据电文进入该特定系统的时间，视为到达时间；未指定特定系统的，该数据电文进入收件人的任何系统的首次时间，视为到达时间。

发出通知的一方应做好登记和记录保留工作，并要求收件人书面签收。

8.8　著作权

监理人对其编制的文件拥有著作权。

监理人可单独或与他人联合出版有关监理与相关服务的资料。除专用条件另有约定外，如果监理人在本合同履行期间及本合同终止后两年内出版涉及本工程的有关监理与相关服务的资料，应当征得委托人的同意。

监理单位对其编制的文件拥有著作权，有利于维护监理单位的合法权益，符合《中华人民共和国著作权法》规定。

著作权包括发表权，监理单位可以单独出版或与他人联合出版有关监理与相关服务的资料。如果出版的资料中涉及本工程内容，资料可视作职务作品，在合同履行期间及合同终止后两年内，建设单位有优先使用的权利。为此，双方当事人可在专用条件 8.8 条空格处明确有关资料出版的限制条件。

除上述 8 项约定外，双方当事人还可在专用条件“9 补充条款”处进一步约定未尽事宜。

第三部分　附录

附录 A　相关服务的范围和内容

A-1 勘察阶段：____

____。

A-2 设计阶段：____

____。

A-3 保修阶段：____

____。

A-4 其他（专业技术咨询、外部协调工作等）：________________

____。

附录 A 是组成本合同的重要文件，所列相关服务的范围和内容是合同标的，由双方当事人协商确定。

根据通用条件 2.1.3 款，相关服务的范围和内容在附录 A 中约定，而施工阶段的监理范围和工作内容则在通用条件及专用条件 2.1.1 款和 2.1.2 款约定。

附录 A 内容应填写具体、详细，以免有歧义而产生纠纷。

各阶段的范围和具体工作内容应分别列出，并与协议书第六条约定的期限相一致。

其他（专业技术咨询、外部协调工作等）应分别列出各项服务，并根据各项服务列出相应范围和具体工作内容。在附录 A 中约定外部协调工作时，应在专用条件中对通用条件 3.3.2 款进行调整，以保证与附录 A 相一致。

【示例】

A-1 勘察阶段：

1. 确定勘察单位前的工作

（1）协助建设单位委托规划单位或设计单位编制勘察任务书；

（2）拟定勘察进度计划；

（3）审查勘察任务书。

2. 确定勘察单位阶段的工作

（1）编制勘察招标文件；

（2）审查勘察单位的资质、信誉、技术水平、经验、设备条件，以及对拟勘察项目的工作方案；

（3）拟定勘察合同条件；

（4）参与勘察合同谈判；

（5）确定勘察单位；

（6）提请建设单位向勘察单位支付定金。

3. 勘察准备阶段的工作

(1) 检查现场勘察条件准备情况；

(2) 提供勘察基础资料；

(3) 审查勘察纲要。

4. 现场勘察阶段的工作

(1) 勘察进度控制；

(2) 勘察质量控制；

(3) 检查勘察报告；

(4) 审核勘察费的结算；

(5) 签发补勘通知书；

(6) 协调勘察与设计、施工等单位之间的关系。

A-2 设计阶段：

1. 设计准备阶段的工作

(1) 协助建设单位申请、领取规划设计条件通知书；

(2) 编制设计要点（设计任务书）；

(3) 协助建设单位优选设计单位；

(4) 为建设单位准备向设计单位提供的基础性资料。

2. 设计阶段的工作

(1) 参与设计方案比选；

(2) 提供基础性资料，协调设计单位与政府部门之间的关系；

(3) 协调设计单位及各专业之间的关系；

(4) 设计进度控制；

(5) 建设投资控制；

(6) 设计质量控制；

(7) 设计合同管理；

(8) 设计变更管理。

3. 设计文件完成后的工作

(1) 检查设计单位提交的各阶段设计文件组成是否齐全；

(2) 协助施工图审核；

(3) 组织设计交底和图纸会审。

A-3 保修阶段：

(1) 检查和记录建设单位提出的工程质量缺陷；

(2) 对修复的工程质量进行验收、签认；

(3) 调查分析工程质量缺陷原因，并确定责任归属。

A-4 其他（专业技术咨询、外部协调工作等）：

1. 专业技术咨询

(1) 本工程太阳能建筑一体化方案研究；

(2) 本工程大型钢结构吊装技术咨询。

2. 外部协调工作

（1）土地、规划、建设、环境、卫生、绿化、公安消防等部门协调及相应建设手续办理；

（2）水、电、燃气、电信、道路、河道等市政配套申请及协调。

附录 B　委托人派遣的人员和提供的房屋、资料、设备

B-1　委托人派遣的人员

名称	数量	工作要求	提供时间
1. 工程技术人员			
2. 辅助工作人员			
3. 其他人员			
……			

B-2　委托人提供的房屋

名称	数量	面积	提供时间
1. 办公用房			
2. 生活用房			
3. 试验用房			
4. 样品用房			
……			
用餐及其他生活条件			

B-3　委托人提供的资料

名称	份数	提供时间	备注
1. 工程立项文件			
2. 工程勘察资料			
3. 工程设计文件及施工图纸			
4. 工程承包合同及其他相关合同			
5. 施工许可文件			
6. 其他文件			
……			

B-4 委托人提供的设备

名称	数量	型号与规格	提供时间
1. 通信设备			
2. 办公设备			
3. 交通工具			
4. 检测和试验设备			
……			

附录 B 是本合同的重要组成部分，所列的建设单位派遣的人员，提供的房屋、资料、设备等内容是实施监理的必要条件，由合同双方当事人协商确定。其中，附录 B-1、附录 B-2、附录 B-4 应根据通用条件 3. 3. 1 款列出；附录 B-3 应根据通用条件 3. 2 条列出。建设单位应在本合同履行过程中及时向监理单位提供最新的与工程有关的资料。

（1）附录 B-1

1）建设单位若不派遣相应人员，应在招标文件（适用于招标工程）或委托书（适用于非招标工程）中说明，并在专用条件和附录 B-1 中明确。

2）各类工作人员的工作要求和派遣时间有不同要求时，应分别列明。

3）辅助工作人员是指非工程技术人员，一般指行政管理人员、财务人员等。

4）其他人员是指除以上两种人员以外的人员，一般指司机、厨师、清洁工等。

（2）附录 B-2

1）建设单位提供的房屋是监理单位的工作条件之一，如建设单位要求监理单位自备房屋并提供经济补偿，必须在招标文件（适用于招标工程）或委托书（适用于非招标工程）中说明，并在专用条件和附录 B-2 中予以明确。

2）用餐及其他生活条件应具体列出明细。

（3）附录 B-3

1）应根据附录 A 填写本表，各阶段要求不同，建设单位提供的资料也有所不同。

2）因工程复杂，资料提供的时间不能明确时，可根据协议书第六条约定的服务时间考虑。

3）资料应写明原件、复印件的份数。

4）如需资料电子版，需在备注中注明格式以及是否保密等。

5）施工图纸应写明图纸编号。

6）其他文件应分别列出具体名称。

（4）附录 B-4

1）建设单位提供的设备、设施是监理单位的工作条件之一。建设单位如果要求监理单位自备并提供经济补偿，必须在招标文件（适用于招标工程）或委托书（适用于非招标工程）中说明，并在专用条件和附录 B-4 中予以明确。

2）附录 B-4 中所有栏目应具体列明。

【示例】

B-1　委托人派遣的人员

名称	数量	工作要求	派遣时间
1. 工程技术人员	委托人代表1人	一周5日在工地	××年×月×日
	委托人项目总工程师1人	一周3日在工地	××年×月×日
	委托人项目联络员1人	一周5日在工地	××年×月×日
2. 辅助工作人员	行政管理1人	一周3日在工地	××年×月×日
	财务管理1人	一周1日在工地	××年×月×日
3. 其他人员	司机2人	轮休，保证每日有人在工地	××年×月×日
	厨师2人	轮休，保证每日有人在工地	××年×月×日
	清洁工2人	轮休，保证每日有人在工地	××年×月×日

B-2　委托人提供的房屋

名称	数量	面积	提供时间
1. 办公用房	2间	20平方米/间	××年×月×日
2. 生活用房	2间	20平方米/间	××年×月×日
3. 试验用房	无	无	无
4. 样品用房	1间	20平方米/间	××年×月×日
用餐及其他生活条件	1. 由委托人供应一日三餐； 2. 生活用房内提供单人床6个，衣柜3个； 3. 提供照明和用水； 4. 提供洗澡间1个和厕所间（男女各1个）。		

B-3　委托人提供的资料

名称	份数	提供时间	备注
1. 工程立项文件	4	工程立项文件获得后7日内提供	可研批复；环评批复；土地规划许可证；报建书等
2. 工程勘察资料	2	工程勘察资料完成后2日内提供	勘察地质报告；地形图
3. 工程设计文件及施工图纸	2套	设计文件及图纸完成后2日内提供	包括建筑、结构、电气、弱电、给排水、消防、暖通等所有本项目监理范围内的图纸及变更图纸
4. 工程承包合同及其他相关合同	1套	合同签订后3日内提供	复印件
5. 施工许可文件	1份	施工许可文件获得后2日内提供	
6. 其他文件	无	无	无

B-4　委托人提供的设备

名称	数量	型号与规格	提供时间
1. 通信设备	固定电话2台	无具体要求，完好	××年×月×日
	传真机1台	无具体要求，完好	××年×月×日
	无线路由器1台	无具体要求，完好	××年×月×日
2. 办公设备	办公桌10个	无具体要求，完好	××年×月×日
	办公椅20把	无具体要求，完好	××年×月×日
	会议桌1个	无具体要求，完好	××年×月×日
	复印机1台	无具体要求，完好	××年×月×日
	打印机1台	激光打印机	××年×月×日
3. 交通工具	面包车1辆	11人座，完好	××年×月×日
4. 检测和试验设备	无	无	无

附件1

关于印发《建设工程监理合同（示范文本）》的通知

建市［2012］46号

各省、自治区住房和城乡建设厅、工商行政管理局，直辖市建委（建交委）、工商行政管理局，新疆生产建设兵团建设局、工商局，国务院有关部门建设司，国资委管理的有关企业：

为规范建设工程监理活动，维护建设工程监理合同当事人的合法权益，住房和城乡建设部、国家工商行政管理总局对《建设工程委托监理合同（示范文本）》（GF－2000－2002）进行了修订，制定了《建设工程监理合同（示范文本）》（GF－2012－0202），现印发给你们，供参照执行。在推广使用过程中，有何问题请与住房和城乡建设部建筑市场监管司、国家工商行政管理总局市场规范管理司联系。

本合同自颁布之日起执行，原《建设工程委托监理合同（示范文本）》（GF－2000－2002）同时废止。

附件：《建设工程监理合同（示范文本）》（GF－2012－0202）

住房和城乡建设部
国家工商行政管理总局
2012年3月27日

附件　《建设工程监理合同（示范文本）》（GF－2012－0202）

第一部分　协议书

委托人（全称）：____

监理人（全称）：____

根据《中华人民共和国合同法》、《中华人民共和国建筑法》及其他有关法律、法规，遵循平等、自愿、公平和诚信的原则，双方就下述工程委托监理与相关服务事项协商一致，订立本合同。

一、工程概况

1. 工程名称：____；
2. 工程地点：____；
3. 工程规模：____；
4. 工程概算投资额或建筑安装工程费：________________________。

二、词语限定

协议书中相关词语的含义与通用条件中的定义与解释相同。

三、组成本合同的文件

1. 协议书；
2. 中标通知书（适用于招标工程）或委托书（适用于非招标工程）；
3. 投标文件（适用于招标工程）或监理与相关服务建议书（适用于非招标工程）；
4. 专用条件；
5. 通用条件；
6. 附录，即：

附录 A　相关服务的范围和内容

附录 B　委托人派遣的人员和提供的房屋、资料、设备

本合同签订后，双方依法签订的补充协议也是本合同文件的组成部分。

四、总监理工程师

总监理工程师姓名：__________，身份证号码：__________，注册号：______________。

五、签约酬金

签约酬金（大写）：______________________________（¥　　　　　）。

包括：

1. 监理酬金：____。
2. 相关服务酬金：____________________________________。

其中：

（1）勘察阶段服务酬金：______________________________。

（2）设计阶段服务酬金：______________________________。

（3）保修阶段服务酬金：______________________________。

（4）其他相关服务酬金：____。

六、期限

1. 监理期限：

自______年__月__日始，至______年__月__日止。

2. 相关服务期限：

（1）勘察阶段服务期限自____年__月__日始，至____年__月__日止。

（2）设计阶段服务期限自____年__月__日始，至____年__月__日止。

（3）保修阶段服务期限自____年__月__日始，至____年__月__日止。

（4）其他相关服务期限自____年__月__日始，至____年__月__日止。

七、双方承诺

1. 监理人向委托人承诺，按照本合同约定提供监理与相关服务。

2. 委托人向监理人承诺，按照本合同约定派遣相应的人员，提供房屋、资料、设备，并按本合同约定支付酬金。

八、合同订立

1. 订立时间：__________年______月______日。

2. 订立地点：____。

3. 本合同一式____份，具有同等法律效力，双方各执___________份。

委托人：（盖章）______________

住所：______________

邮政编码：______________

法定代表人或其授权的代理人：（签字）______________

开户银行：______________

账号：______________

电话：______________

传真：______________

电子邮箱：______________

监理人：（盖章）______________

住所：______________

邮政编码：______________

法定代表人或其授权的代理人：（签字）______________

开户银行：______________

账号：______________

电话：______________

传真：______________

电子邮箱：______________

第二部分　通用条件

1　定义与解释

1.1　定义

除根据上下文另有其意义外，组成本合同的全部文件中的下列名词和用语应具有本款所赋予的含义：

1.1.1 “工程”是指按照本合同约定实施监理与相关服务的建设工程。

1.1.2 “委托人”是指本合同中委托监理与相关服务的一方，及其合法的继承人或受让人。

1.1.3 “监理人”是指本合同中提供监理与相关服务的一方，及其合法的继承人。

1.1.4 “承包人”是指在工程范围内与委托人签订勘察、设计、施工等有关合同的当事人，及其合法的继承人。

1.1.5 “监理”是指监理人受委托人的委托，依照法律法规、工程建设标准、勘察设计文件及合同，在施工阶段对建设工程质量、进度、造价进行控制，对合同、信息进行管理，对工程建设相关方的关系进行协调，并履行建设工程安全生产管理法定职责的服务活动。

1.1.6 “相关服务”是指监理人受委托人的委托，按照本合同约定，在勘察、设计、保修等阶段提供的服务活动。

1.1.7 “正常工作”指本合同订立时通用条件和专用条件中约定的监理人的工作。

1.1.8 “附加工作”是指本合同约定的正常工作以外监理人的工作。

1.1.9 “项目监理机构”是指监理人派驻工程负责履行本合同的组织机构。

1.1.10 “总监理工程师”是指由监理人的法定代表人书面授权，全面负责履行本合同、主持项目监理机构工作的注册监理工程师。

1.1.11 “酬金”是指监理人履行本合同义务，委托人按照本合同约定给付监理人的金额。

1.1.12 “正常工作酬金”是指监理人完成正常工作，委托人应给付监理人并在协议书中载明的签约酬金额。

1.1.13 “附加工作酬金”是指监理人完成附加工作，委托人应给付监理人的金额。

1.1.14 “一方”是指委托人或监理人；“双方”是指委托人和监理人；“第三方”是指除委托人和监理人以外的有关方。

1.1.15 “书面形式”是指合同书、信件和数据电文（包括电报、电传、传真、电子数据交换和电子邮件）等可以有形地表现所载内容的形式。

1.1.16 “天”是指第一天零时至第二天零时的时间。

1.1.17“月”是指按公历从一个月中任何一天开始的一个公历月时间。

1.1.18 “不可抗力”是指委托人和监理人在订立本合同时不可预见，在工程施工过程中不可避免发生并不能克服的自然灾害和社会性突发事件，如地震、海啸、瘟疫、水灾、骚乱、暴动、战争和专用条件约定的其他情形。

1.2　解释

1.2.1　本合同使用中文书写、解释和说明。如专用条件约定使用两种及以上语言文字时，应以中文为准。

1.2.2　组成本合同的下列文件彼此应能相互解释、互为说明。除专用条件另有约定外，本合同文件的解释顺序如下：

（1）协议书；

（2）中标通知书（适用于招标工程）或委托书（适用于非招标工程）；

（3）专用条件及附录 A、附录 B；

（4）通用条件；

（5）投标文件（适用于招标工程）或监理与相关服务建议书（适用于非招标工程）。

双方签订的补充协议与其他文件发生矛盾或歧义时，属于同一类内容的文件，应以最新签署的为准。

2　监理人的义务

2.1　监理的范围和工作内容

2.1.1　监理范围在专用条件中约定。

2.1.2　除专用条件另有约定外，监理工作内容包括：

（1）收到工程设计文件后编制监理规划，并在第一次工地会议 7 天前报委托人。根据有关规定和监理工作需要，编制监理实施细则；

（2）熟悉工程设计文件，并参加由委托人主持的图纸会审和设计交底会议；

（3）参加由委托人主持的第一次工地会议；主持监理例会并根据工程需要主持或参加专题会议；

（4）审查施工承包人提交的施工组织设计，重点审查其中的质量安全技术措施、专项施工方案与工程建设强制性标准的符合性；

（5）检查施工承包人工程质量、安全生产管理制度及组织机构和人员资格；

（6）检查施工承包人专职安全生产管理人员的配备情况；

（7）审查施工承包人提交的施工进度计划，核查承包人对施工进度计划的调整；

（8）检查施工承包人的试验室；

（9）审核施工分包人资质条件；

（10）查验施工承包人的施工测量放线成果；

（11）审查工程开工条件，对条件具备的签发开工令；

（12）审查施工承包人报送的工程材料、构配件、设备质量证明文件的有效性和符合性，并按规定对用于工程的材料采取平行检验或见证取样方式进行抽检；

（13）审核施工承包人提交的工程款支付申请，签发或出具工程款支付证书，并报委托人审核、批准；

（14）在巡视、旁站和检验过程中，发现工程质量、施工安全存在事故隐患的，要求施工承包人整改并报委托人；

（15）经委托人同意，签发工程暂停令和复工令；

（16）审查施工承包人提交的采用新材料、新工艺、新技术、新设备的论证材料及相关验收标准；

（17）验收隐蔽工程、分部分项工程；

（18）审查施工承包人提交的工程变更申请，协调处理施工进度调整、费用索赔、合同争议等事项；

（19）审查施工承包人提交的竣工验收申请，编写工程质量评估报告；

（20）参加工程竣工验收，签署竣工验收意见；

（21）审查施工承包人提交的竣工结算申请并报委托人；

（22）编制、整理工程监理归档文件并报委托人。

2.1.3　相关服务的范围和内容在附录A中约定。

2.2　监理与相关服务依据

2.2.1　监理依据包括：

（1）适用的法律、行政法规及部门规章；

（2）与工程有关的标准；

（3）工程设计及有关文件；

（4）本合同及委托人与第三方签订的与实施工程有关的其他合同。

双方根据工程的行业和地域特点，在专用条件中具体约定监理依据。

2.2.2　相关服务依据在专用条件中约定。

2.3　项目监理机构和人员

2.3.1　监理人应组建满足工作需要的项目监理机构，配备必要的检测设备。项目监理机构的主要人员应具有相应的资格条件。

2.3.2　本合同履行过程中，总监理工程师及重要岗位监理人员应保持相对稳定，以保证监理工作正常进行。

2.3.3　监理人可根据工程进展和工作需要调整项目监理机构人员。监理人更换总监理工程师时，应提前7天向委托人书面报告，经委托人同意后方可更换；监理人更换项目监理机构其他监理人员，应以相当资格与能力的人员替换，并通知委托人。

2.3.4　监理人应及时更换有下列情形之一的监理人员：

（1）严重过失行为的；

（2）有违法行为不能履行职责的；

（3）涉嫌犯罪的；

（4）不能胜任岗位职责的；

（5）严重违反职业道德的；

（6）专用条件约定的其他情形。

2.3.5　委托人可要求监理人更换不能胜任本职工作的项目监理机构人员。

2.4　履行职责

监理人应遵循职业道德准则和行为规范，严格按照法律法规、工程建设有关标准及本合同履行职责。

2.4.1　在监理与相关服务范围内，委托人和承包人提出的意见和要求，监理人应及时提出处置意见。当委托人与承包人之间发生合同争议时，监理人应协助委托人、承包人协商解决。

2.4.2　当委托人与承包人之间的合同争议提交仲裁机构仲裁或人民法院审理时，监理人应提供必要的证明资料。

2.4.3　监理人应在专用条件约定的授权范围内，处理委托人与承包人所签订合同的变更事宜。如果变更超过授权范围，应以书面形式报委托人批准。

在紧急情况下，为了保护财产和人身安全，监理人所发出的指令未能事先报委托人批准时，应在发出指令后的24小时内以书面形式报委托人。

2.4.4　除专用条件另有约定外，监理人发现承包人的人员不能胜任本职工作的，有权要求承包人予以调换。

2.5　提交报告

监理人应按专用条件约定的种类、时间和份数向委托人提交监理与相关服务的报告。

2.6　文件资料

在本合同履行期内，监理人应在现场保留工作所用的图纸、报告及记录监理工作的相关文件。工程竣工后，应当按照档案管理规定将监理有关文件归档。

2.7　使用委托人的财产

监理人无偿使用附录B中由委托人派遣的人员和提供的房屋、资料、设备。除专用条件另有约定外，委托人提供的房屋、设备属于委托人的财产，监理人应妥善使用和保管，在本合同终止时将这些房屋、设备的清单提交委托人，并按专用条件约定的时间和方式移交。

3　委托人的义务

3.1　告知

委托人应在委托人与承包人签订的合同中明确监理人、总监理工程师和授予项目监理机构的权限。如有变更，应及时通知承包人。

3.2　提供资料

委托人应按照附录B约定，无偿向监理人提供工程有关的资料。在本合同履行过程中，委托人应及时向监理人提供最新的与工程有关的资料。

3.3　提供工作条件

委托人应为监理人完成监理与相关服务提供必要的条件。

3.3.1　委托人应按照附录B约定，派遣相应的人员，提供房屋、设备，供监理人无偿使用。

3.3.2　委托人应负责协调工程建设中所有外部关系，为监理人履行本合同提供必要的外部条件。

3.4　委托人代表

委托人应授权一名熟悉工程情况的代表，负责与监理人联系。委托人应在双方签订本合同后7天内，将委托人代表的姓名和职责书面告知监理人。当委托人更换委托人代表时，应提前7天通知监理人。

3.5　委托人意见或要求

在本合同约定的监理与相关服务工作范围内，委托人对承包人的任何意见或要求应通知监理人，由监理人向承包人发出相应指令。

3.6　答复

委托人应在专用条件约定的时间内，对监理人以书面形式提交并要求作出决定的事宜，给予书面答复。逾期未答复的，视为委托人认可。

3.7　支付

委托人应按本合同约定，向监理人支付酬金。

4　违约责任

4.1　监理人的违约责任

监理人未履行本合同义务的，应承担相应的责任。

4.1.1　因监理人违反本合同约定给委托人造成损失的，监理人应当赔偿委托人损失。赔偿金额的确定方法在专用条件中约定。监理人承担部分赔偿责任的，其承担赔偿金额由双方协商确定。

4.1.2　监理人向委托人的索赔不成立时，监理人应赔偿委托人由此发生的费用。

4.2　委托人的违约责任

委托人未履行本合同义务的，应承担相应的责任。

4.2.1　委托人违反本合同约定造成监理人损失的，委托人应予以赔偿。

4.2.2　委托人向监理人的索赔不成立时，应赔偿监理人由此引起的费用。

4.2.3　委托人未能按期支付酬金超过28天，应按专用条件约定支付逾期付款利息。

4.3　除外责任

因非监理人的原因，且监理人无过错，发生工程质量事故、安全事故、工期延误等造成的损失，监理人不承担赔偿责任。

因不可抗力导致本合同全部或部分不能履行时，双方各自承担其因此而造成的损失、损害。

5　支付

5.1　支付货币

除专用条件另有约定外，酬金均以人民币支付。涉及外币支付的，所采用的货币种类、比例和汇率在专用条件中约定。

5.2　支付申请

监理人应在本合同约定的每次应付款时间的7天前，向委托人提交支付申请书。支付申请书应当说明当期应付款总额，并列出当期应支付的款项及其金额。

5.3　支付酬金

支付的酬金包括正常工作酬金、附加工作酬金、合理化建议奖励金额及费用。

5.4　有争议部分的付款

委托人对监理人提交的支付申请书有异议时，应当在收到监理人提交的支付申请书后7天内，以书面形式向监理人发出异议通知。无异议部分的款项应按期支付，有异议部分的款项按第7条约定办理。

6　合同生效、变更、暂停、解除与终止

6.1　生效

除法律另有规定或者专用条件另有约定外，委托人和监理人的法定代表人或其授权代理人在协议书上签字并盖单位章后本合同生效。

6.2　变更

6.2.1　任何一方提出变更请求时，双方经协商一致后可进行变更。

6.2.2　除不可抗力外，因非监理人原因导致监理人履行合同期限延长、内容增加时，监理人应当将此情况与可能产生的影响及时通知委托人。增加的监理工作时间、工作内容应视为附加工作。附加工作酬金的确定方法在专用条件中约定。

6.2.3　合同生效后，如果实际情况发生变化使得监理人不能完成全部或部分工作时，监理人应立即通知委托人。除不可抗力外，其善后工作以及恢复服务的准备工作应为附加工作，附加工作酬金的确定方法在专用条件中约定。监理人用于恢复服务的准备时间不应超过28天。

6.2.4　合同签订后，遇有与工程相关的法律法规、标准颁布或修订的，双方应遵照执行。由此引起监理与相关服务的范围、时间、酬金变化的，双方应通过协商进行相应调整。

6.2.5　因非监理人原因造成工程概算投资额或建筑安装工程费增加时，正常工作酬金应作相应调整。调整方法在专用条件中约定。

6.2.6　因工程规模、监理范围的变化导致监理人的正常工作量减少时，正常工作酬金应作相应调整。调整方法在专用条件中约定。

6.3　暂停与解除

除双方协商一致可以解除本合同外，当一方无正当理由未履行本合同约定的义务时，另一方可以根据本合同约定暂停履行本合同直至解除本合同。

6.3.1　在本合同有效期内，由于双方无法预见和控制的原因导致本合同全部或部分无法继续履行或继续履行已无意义，经双方协商一致，可以解除本合同或监理人的部分义务。在解除之前，监理人应作出合理安排，使开支减至最小。

因解除本合同或解除监理人的部分义务导致监理人遭受的损失，除依法可以免除责任的情况外，应由委托人予以补偿，补偿金额由双方协商确定。

解除本合同的协议必须采取书面形式，协议未达成之前，本合同仍然有效。

6.3.2　在本合同有效期内，因非监理人的原因导致工程施工全部或部分暂停，委托人可通知监理人要求暂停全部或部分工作。监理人应立即安排停止工作，并将开支减至最小。除不可抗力外，由此导致监理人遭受的损失应由委托人予以补偿。

暂停部分监理与相关服务时间超过182天，监理人可发出解除本合同约定的该部分义务的通知；暂停全部工作时间超过182天，监理人可发出解除本合同的通知，本合同自通知到达委托人时解除。委托人应将监理与相关服务的酬金支付至本合同解除日，且应承担第4.2款约定的责任。

6.3.3　当监理人无正当理由未履行本合同约定的义务时，委托人应通知监理人限期改正。若委托人在监理人接到通知后的7天内未收到监理人书面形式的合理解释，则可在7天内发出解除本合同的通知，自通知到达监理人时本合同解除。委托人应将监理与相关服务的酬金支付至限期改正通知到达监理人之日，但监理人应承担第4.1款约定的责任。

6.3.4　监理人在专用条件5.3中约定的支付之日起28天后仍未收到委托人按本合同约定应付的款项，可向委托人发出催付通知。委托人接到通知14天后仍未支付或未提出监理人可以接受的延期支付安排，监理人可向委托人发出暂停工作的通知并可自行暂停全部或部分工作。暂停工作后14天内监理人仍未获得委托人应付酬金或委托人的合理答复，监理人可向委托人发出解除本合同的通知，自通知到达委托人时本合同解除。委托人应承担第4.2.3款约定的责任。

6.3.5　因不可抗力致使本合同部分或全部不能履行时，一方应立即通知另一方，可暂停或解除本合同。

6.3.6　本合同解除后，本合同约定的有关结算、清理、争议解决方式的条件仍然有效。

6.4　终止

以下条件全部满足时，本合同即告终止：

（1）监理人完成本合同约定的全部工作；

（2）委托人与监理人结清并支付全部酬金。

7　争议解决

7.1　协商

双方应本着诚信原则协商解决彼此间的争议。

7.2　调解

如果双方不能在14天内或双方商定的其他时间内解决本合同争议，可以将其提交给专用条件约定的或事后达成协议的调解人进行调解。

7.3　仲裁或诉讼

双方均有权不经调解直接向专用条件约定的仲裁机构申请仲裁或向有管辖权的人民

法院提起诉讼。

8　其他

8.1　外出考察费用

经委托人同意，监理人员外出考察发生的费用由委托人审核后支付。

8.2　检测费用

委托人要求监理人进行的材料和设备检测所发生的费用，由委托人支付，支付时间在专用条件中约定。

8.3　咨询费用

经委托人同意，根据工程需要由监理人组织的相关咨询论证会以及聘请相关专家等发生的费用由委托人支付，支付时间在专用条件中约定。

8.4　奖励

监理人在服务过程中提出的合理化建议，使委托人获得经济效益的，双方在专用条件中约定奖励金额的确定方法。奖励金额在合理化建议被采纳后，与最近一期的正常工作酬金同期支付。

8.5　守法诚信

监理人及其工作人员不得从与实施工程有关的第三方处获得任何经济利益。

8.6　保密

双方不得泄露对方申明的保密资料，亦不得泄露与实施工程有关的第三方所提供的保密资料，保密事项在专用条件中约定。

8.7　通知

本合同涉及的通知均应当采用书面形式，并在送达对方时生效，收件人应书面签收。

8.8　著作权

监理人对其编制的文件拥有著作权。

监理人可单独或与他人联合出版有关监理与相关服务的资料。除专用条件另有约定外，如果监理人在本合同履行期间及本合同终止后两年内出版涉及本工程的有关监理与相关服务的资料，应当征得委托人的同意。

第三部分　专用条件

1　定义与解释

1.2　解释

1.2.1　本合同文件除使用中文外，还可用________________________。

1.2.2 约定本合同文件的解释顺序为：________________________。

2　监理人义务

2.1　监理的范围和内容

2.1.1　监理范围包括：________________________

____。

2.1.2　监理工作内容还包括：________________________

____。

2.2　监理与相关服务依据

2.2.1　监理依据包括：________________________

____。

2.2.2　相关服务依据包括：________________________。

2.3　项目监理机构和人员

2.3.4　更换监理人员的其他情形：________________________。

2.4　履行职责

2.4.3　对监理人的授权范围：________________________

____。

在涉及工程延期______天内和（或）金额______万元内的变更，监理人不需请示委托人即可向承包人发布变更通知。

2.4.4　监理人有权要求承包人调换其人员的限制条件：________________

____。

2.5　提交报告

监理人应提交报告的种类（包括监理规划、监理月报及约定的专项报告）、时间和份数：____

____。

2.7　使用委托人的财产

附录 B 中由委托人无偿提供的房屋、设备的所有权属于：________________

____。

监理人应在本合同终止后______天内移交委托人无偿提供的房屋、设备，移交的时间和方式为：________________________。

3　委托人义务

3.4　委托人代表

委托人代表为：____。

3.6　答复

委托人同意在________天内，对监理人书面提交并要求做出决定的事宜给予书面答复。

4　违约责任

4.1　监理人的违约责任

4.1.1　监理人赔偿金额按下列方法确定：

赔偿金＝直接经济损失×正常工作酬金÷工程概算投资额（或建筑安装工程费）

4.2　委托人的违约责任

4.2.3　委托人逾期付款利息按下列方法确定：

逾期付款利息＝当期应付款总额×银行同期贷款利率×拖延支付天数

5　支付

5.1　支付货币

币种为：______，比例为：______，汇率为：____________。

5.3　支付酬金

正常工作酬金的支付：

支付次数	支付时间	支付比例	支付金额（万元）
首付款	本合同签订后 7 天内		
第二次付款			
第三次付款			
……			
最后付款	监理与相关服务期届满 14 天内		

6　合同生效、变更、暂停、解除与终止

6.1　生效

本合同生效条件：____。

6.2　变更

6.2.2　除不可抗力外，因非监理人原因导致本合同期限延长时，附加工作酬金按下列方法确定：

附加工作酬金＝本合同期限延长时间（天）×正常工作酬金÷协议书约定的监理

与相关服务期限（天）

6.2.3　附加工作酬金按下列方法确定：

附加工作酬金＝善后工作及恢复服务的准备工作时间（天）×正常工作酬金÷协议书约定的监理与相关服务期限（天）

6.2.5　正常工作酬金增加额按下列方法确定：

正常工作酬金增加额＝工程投资额或建筑安装工程费增加额×正常工作酬金÷工程概算投资额（或建筑安装工程费）

6.2.6　因工程规模、监理范围的变化导致监理人的正常工作量减少时，按减少工作量的比例从协议书约定的正常工作酬金中扣减相同比例的酬金。

7　争议解决

7.2　调解

本合同争议进行调解时，可提交________进行调解。

7.3　仲裁或诉讼

合同争议的最终解决方式为下列第________种方式：

（1）提请________仲裁委员会进行仲裁。

（2）向________人民法院提起诉讼。

8　其他

8.2　检测费用

委托人应在检测工作完成后____天内支付检测费用。

8.3　咨询费用

委托人应在咨询工作完成后____天内支付咨询费用。

8.4　奖励

合理化建议的奖励金额按下列方法确定为：

奖励金额＝工程投资节省额×奖励金额的比率；

奖励金额的比率为______%。

8.6　保密

委托人申明的保密事项和期限：____。

监理人申明的保密事项和期限：____。

第三方申明的保密事项和期限：____。

8.8　著作权

监理人在本合同履行期间及本合同终止后两年内出版涉及本工程的有关监理与相关服务的资料的限制条件：

____。

9　补充条款

____。

附录A　相关服务的范围和内容

A-1 勘察阶段：______________________________

____。

____。

____。

____。

____。

A-2 设计阶段：______________________________

____。

____。

____。

____。

____。

____。

____。

____。

A-3 保修阶段：______________________________

____。

____。

____。

____。

____。

____。

____。

____。

A-4 其他（专业技术咨询、外部协调工作等）：______________

____。

____。

____。

____。

____。

____。

____。

____。

附录B　委托人派遣的人员和提供的房屋、资料、设备

B-1　委托人派遣的人员

名称	数量	工作要求	提供时间
1. 工程技术人员			
2. 辅助工作人员			
3. 其他人员			
……			

B-2　委托人提供的房屋

名称	数量	面积	提供时间
1. 办公用房			
2. 生活用房			
3. 试验用房			
4. 样品用房			
……			
用餐及其他生活条件			

B-3　委托人提供的资料

名称	份数	提供时间	备注
1. 工程立项文件			
2. 工程勘察文件			
3. 工程设计及施工图纸			
4. 工程承包合同及其他相关合同			
5. 施工许可文件			
6. 其他文件			
……			

B-4　委托人提供的设备

名称	数量	型号与规格	提供时间
1. 通讯设备			
2. 办公设备			
3. 交通工具			
4. 检测和试验设备			
……			

附件2　相关法律法规文件

中华人民共和国建筑法（2011年修订版）

（1997年11月1日第八届全国人民代表大会常务委员会第28次会议通过
根据2011年4月22日第十一届全国人民代表大会常务委员会第20次会议
《关于修改〈中华人民共和国建筑法〉的决定》修正　2011年4月22日
中华人民共和国主席令第46号发布　自2011年7月1日起施行）

第一章　总　　则

第一条　为了加强对建筑活动的监督管理，维护建筑市场秩序，保证建筑工程的质量和安全，促进建筑业健康发展，制定本法。

第二条　在中华人民共和国境内从事建筑活动，实施对建筑活动的监督管理，应当遵守本法。

本法所称建筑活动，是指各类房屋建筑及其附属设施的建造和与其配套的线路、管道、设备的安装活动。

第三条　建筑活动应当确保建筑工程质量和安全，符合国家的建筑工程安全标准。

第四条　国家扶持建筑业的发展，支持建筑科学技术研究，提高房屋建筑设计水平，鼓励节约能源和保护环境，提倡采用先进技术、先进设备、先进工艺、新型建筑材料和现代管理方式。

第五条　从事建筑活动应当遵守法律、法规，不得损害社会公共利益和他人的合法权益。

任何单位和个人都不得妨碍和阻挠依法进行的建筑活动。

第六条　国务院建设行政主管部门对全国的建筑活动实施统一监督管理。

第二章　建筑许可

第一节　建筑工程施工许可

第七条　建筑工程开工前，建设单位应当按照国家有关规定向工程所在地县级以上人民政府建设行政主管部门申请领取施工许可证；但是，国务院建设行政主管部门确定的限额以下的小型工程除外。

按照国务院规定的权限和程序批准开工报告的建筑工程，不再领取施工许可证。

第八条　申请领取施工许可证，应当具备下列条件：

（一）已经办理该建筑工程用地批准手续；.

（二）在城市规划区的建筑工程，已经取得规划许可证；

（三）需要拆迁的，其拆迁进度符合施工要求；

（四）已经确定建筑施工企业；

（五）有满足施工需要的施工图纸及技术资料；

（六）有保证工程质量和安全的具体措施；

（七）建设资金已经落实；

（八）法律、行政法规规定的其他条件。

建设行政主管部门应当自收到申请之日起15日内，对符合条件的申请颁发施工许可证。

第九条 建设单位应当自领取施工许可证之日起3个月内开工。因故不能按期开工的，应当向发证机关申请延期；延期以两次为限，每次不超过3个月。既不开工又不申请延期或者超过延期时限的，施工许可证自行废止。

第十条 在建的建筑工程因故中止施工的，建设单位应当自中止施工之日起1个月内，向发证机关报告，并按照规定做好建筑工程的维护管理工作。

建筑工程恢复施工时，应当向发证机关报告；中止施工满1年的工程恢复施工前，建设单位应当报发证机关核验施工许可证。

第十一条 按照国务院有关规定批准开工报告的建筑工程，因故不能按期开工或者中止施工的，应当及时向批准机关报告情况。因故不能按期开工超过6个月的，应当重新办理开工报告的批准手续。

第二节 从业资格

第十二条 从事建筑活动的建筑施工企业、勘察单位、设计单位和工程监理单位，应当具备下列条件：

（一）有符合国家规定的注册资本；

（二）有与其从事的建筑活动相适应的具有法定执业资格的专业技术人员；

（三）有从事相关建筑活动所应有的技术装备；

（四）法律、行政法规规定的其他条件。

第十三条 从事建筑活动的建筑施工企业、勘察单位、设计单位和工程监理单位，按照其拥有的注册资本、专业技术人员、技术装备和已完成的建筑工程业绩等资质条件，划分为不同的资质等级，经资质审查合格，取得相应等级的资质证书后，方可在其资质等级许可的范围内从事建筑活动。

第十四条 从事建筑活动的专业技术人员，应当依法取得相应的执业资格证书，并在执业资格证书许可的范围内从事建筑活动。

第三章 建筑工程发包与承包

第一节 一般规定

第十五条 建筑工程的发包单位与承包单位应当依法订立书面合同，明确双方的权利和义务。

发包单位和承包单位应当全面履行合同约定的义务。不按照合同约定履行义务的，依法承担违约责任。

第十六条 建筑工程发包与承包的招标投标活动，应当遵循公开、公正、平等竞争的原则，择优选择承包单位。

建筑工程的招标投标，本法没有规定的，适用有关招标投标法律的规定。

第十七条 发包单位及其工作人员在建筑工程发包中不得收受贿赂、回扣或者索取其他好处。

承包单位及其工作人员不得利用向发包单位及其工作人员行贿、提供回扣或者给予其他好处等不正当手段承揽工程。

第十八条 建筑工程造价应当按照国家有关规定，由发包单位与承包单位在合同中约定。公开招标发包的，其造价的约定，须遵守招标投标法律的规定。

发包单位应当按照合同的约定，及时拨付工程款项。

第二节 发　　包

第十九条 建筑工程依法实行招标发包，对不适于招标发包的可以直接发包。

第二十条 建筑工程实行公开招标的，发包单位应当依照法定程序和方式，发布招标公告，提供载有招标工程的主要技术要求、主要的合同条款、评标的标准和方法以及开标、评标、定标的程序等内容的招标文件。

开标应当在招标文件规定的时间、地点公开进行。开标后应当按照招标文件规定的评标标准和程序对标书进行评价、比较，在具备相应资质条件的投标者中，择优选定中标者。

第二十一条 建筑工程招标的开标、评标、定标由建设单位依法组织实施，并接受有关行政主管部门的监督。

第二十二条 建筑工程实行招标发包的，发包单位应当将建筑工程发包给依法中标的承包单位。建筑工程实行直接发包的，发包单位应当将建筑工程发包给具有相应资质条件的承包单位。

第二十三条 政府及其所属部门不得滥用行政权力，限定发包单位将招标发包的建筑工程发包给指定的承包单位。

第二十四条 提倡对建筑工程实行总承包，禁止将建筑工程肢解发包。

建筑工程的发包单位可以将建筑工程的勘察、设计、施工、设备采购一并发包给一个工程总承包单位，也可以将建筑工程勘察、设计、施工、设备采购的一项或者多项发包给一个工程总承包单位；但是，不得将应当由一个承包单位完成的建筑工程肢解成若干部分发包给几个承包单位。

第二十五条 按照合同约定，建筑材料、建筑构配件和设备由工程承包单位采购的，发包单位不得指定承包单位购入用于工程的建筑材料、建筑构配件和设备或者指定生产厂、供应商。

第三节　承　　包

第二十六条　承包建筑工程的单位应当持有依法取得的资质证书，并在其资质等级许可的业务范围内承揽工程。

禁止建筑施工企业超越本企业资质等级许可的业务范围或者以任何形式用其他建筑施工企业的名义承揽工程。禁止建筑施工企业以任何形式允许其他单位或者个人使用本企业的资质证书、营业执照，以本企业的名义承揽工程。

第二十七条　大型建筑工程或者结构复杂的建筑工程，可以由两个以上的承包单位联合共同承包。共同承包的各方对承包合同的履行承担连带责任。

两个以上不同资质等级的单位实行联合共同承包的，应当按照资质等级低的单位的业务许可范围承揽工程。

第二十八条　禁止承包单位将其承包的全部建筑工程转包给他人，禁止承包单位将其承包的全部建筑工程肢解以后以分包的名义分别转包给他人。

第二十九条　建筑工程总承包单位可以将承包工程中的部分工程发包给具有相应资质条件的分包单位；但是，除总承包合同中约定的分包外，必须经建设单位认可。施工总承包的，建筑工程主体结构的施工必须由总承包单位自行完成。

建筑工程总承包单位按照总承包合同的约定对建设单位负责；分包单位按照分包合同的约定对总承包单位负责。总承包单位和分包单位就分包工程对建设单位承担连带责任。

禁止总承包单位将工程分包给不具备相应资质条件的单位。禁止分包单位将其承包的工程再分包。

第四章　建筑工程监理

第三十条　国家推行建筑工程监理制度。

国务院可以规定实行强制监理的建筑工程的范围。

第三十一条　实行监理的建筑工程，由建设单位委托具有相应资质条件的工程监理单位监理。建设单位与其委托的工程监理单位应当订立书面委托监理合同。

第三十二条　建筑工程监理应当依照法律、行政法规及有关的技术标准、设计文件和建筑工程承包合同，对承包单位在施工质量、建设工期和建设资金使用等方面，代表建设单位实施监督。

工程监理人员认为工程施工不符合工程设计要求、施工技术标准和合同约定的，有权要求建筑施工企业改正。

工程监理人员发现工程设计不符合建筑工程质量标准或者合同约定的质量要求的，应当报告建设单位要求设计单位改正。

第三十三条　实施建筑工程监理前，建设单位应当将委托的工程监理单位、监理的内容及监理权限，书面通知被监理的建筑施工企业。

第三十四条　工程监理单位应当在其资质等级许可的监理范围内，承担工程监理业务。

工程监理单位应当根据建设单位的委托，客观、公正地执行监理任务。

工程监理单位与被监理工程的承包单位以及建筑材料、建筑构配件和设备供应单位不得有隶属关系或者其他利害关系。

工程监理单位不得转让工程监理业务。

第三十五条　工程监理单位不按照委托监理合同的约定履行监理义务，对应当监督检查的项目不检查或者不按照规定检查，给建设单位造成损失的，应当承担相应的赔偿责任。

工程监理单位与承包单位串通，为承包单位谋取非法利益，给建设单位造成损失的，应当与承包单位承担连带赔偿责任。

第五章　建筑安全生产管理

第三十六条　建筑工程安全生产管理必须坚持安全第一、预防为主的方针，建立健全安全生产的责任制度和群防群治制度。

第三十七条　建筑工程设计应当符合按照国家规定制定的建筑安全规程和技术规范，保证工程的安全性能。

第三十八条　建筑施工企业在编制施工组织设计时，应当根据建筑工程的特点制定相应的安全技术措施；对专业性较强的工程项目，应当编制专项安全施工组织设计，并采取安全技术措施。

第三十九条　建筑施工企业应当在施工现场采取维护安全、防范危险、预防火灾等措施；有条件的，应当对施工现场实行封闭管理。

施工现场对毗邻的建筑物、构筑物和特殊作业环境可能造成损害的，建筑施工企业应当采取安全防护措施。

第四十条　建设单位应当向建筑施工企业提供与施工现场相关的地下管线资料，建筑施工企业应当采取措施加以保护。

第四十一条　建筑施工企业应当遵守有关环境保护和安全生产的法律、法规的规定，采取控制和处理施工现场的各种粉尘、废气、废水、固体废物以及噪声、振动对环境的污染和危害的措施。

第四十二条　有下列情形之一的，建设单位应当按照国家有关规定办理申请批准手续：

（一）需要临时占用规划批准范围以外场地的；

（二）可能损坏道路、管线、电力、邮电通讯等公共设施的；

（三）需要临时停水、停电、中断道路交通的；

（四）需要进行爆破作业的；

（五）法律、法规规定需要办理报批手续的其他情形。

第四十三条　建设行政主管部门负责建筑安全生产的管理，并依法接受劳动行政主管部门对建筑安全生产的指导和监督。

第四十四条 建筑施工企业必须依法加强对建筑安全生产的管理，执行安全生产责任制度，采取有效措施，防止伤亡和其他安全生产事故的发生。

建筑施工企业的法定代表人对本企业的安全生产负责。

第四十五条 施工现场安全由建筑施工企业负责。实行施工总承包的，由总承包单位负责。分包单位向总承包单位负责，服从总承包单位对施工现场的安全生产管理。

第四十六条 建筑施工企业应当建立健全劳动安全生产教育培训制度，加强对职工安全生产的教育培训；未经安全生产教育培训的人员，不得上岗作业。

第四十七条 建筑施工企业和作业人员在施工过程中，应当遵守有关安全生产的法律、法规和建筑行业安全规章、规程，不得违章指挥或者违章作业。作业人员有权对影响人身健康的作业程序和作业条件提出改进意见，有权获得安全生产所需的防护用品。作业人员对危及生命安全和人身健康的行为有权提出批评、检举和控告。

第四十八条 建筑施工企业应当依法为职工参加工伤保险缴纳工伤保险费。鼓励企业为从事危险作业的职工办理意外伤害保险，支付保险费。

第四十九条 涉及建筑主体和承重结构变动的装修工程，建设单位应当在施工前委托原设计单位或者具在相应资质条件的设计单位提出设计方案；没有设计方案的，不得施工。

第五十条 房屋拆除应当由具备保证安全条件的建筑施工单位承担，由建筑施工单位负责人对安全负责。

第五十一条 施工中发生事故时，建筑施工企业应当采取紧急措施减少人员伤亡和事故损失，并按照国家有关规定及时向有关部门报告。

第六章　建筑工程质量管理

第五十二条 建筑工程勘察、设计、施工的质量必须符合国家有关建筑工程安全标准的要求，具体管理办法由国务院规定。

有关建筑工程安全的国家标准不能适应确保建筑安全的要求时，应当及时修订。

第五十三条 国家对从事建筑活动的单位推行质量体系认证制度。从事建筑活动的单位根据自愿原则可以向国务院产品质量监督管理部门或者国务院产品质量监督管理部门授权的部门认可的认证机构申请质量体系认证。经认证合格的，由认证机构颁发质量体系认证证书。

第五十四条 建设单位不得以任何理由，要求建筑设计单位或者建设施工企业在工程设计或者施工作业中，违反法律、行政法规和建筑工程质量、安全标准，降低工程质量。

建筑设计单位和建筑施工企业对建设单位违反前款规定提出的降低工程质量的要求，应当予以拒绝。

第五十五条 建筑工程实行总承包的，工程质量由工程总承包单位负责，总承包单位将建筑工程分包给其他单位的，应当对分包工程的质量与分包单位承担连带责任。分包单位应当接受总承包单位的质量管理。

第五十六条　建筑工程的勘察、设计单位必须对其勘察、设计的质量负责。勘察、设计文件应当符合有关法律、行政法规的规定和建筑工程质量、安全标准、建筑工程勘察、设计技术规范以及合同的约定。设计文件选用的建筑材料、建筑构配件和设备，应当注明其规格、型号、性能等技术指标，其质量要求必须符合国家规定的标准。

第五十七条　建筑设计单位对设计文件选用的建筑材料、建筑构配件和设备，不得指定生产厂、供应商。

第五十八条　建筑施工企业对工程的施工质量负责。

建筑施工企业必须按照工程设计图纸和施工技术标准施工，不得偷工减料。工程设计的修改由原设计单位负责，建筑施工企业不得擅自修改工程设计。

第五十九条　建筑施工企业必须按照工程设计要求、施工技术标准和合同的约定，对建筑材料、建筑构配件和设备进行检验，不合格的不得使用。

第六十条　建筑物在合理使用寿命内，必须确保地基基础工程和主体结构的质量。

建筑工程竣工时，屋顶、墙面不得留有渗漏、开裂等质量缺陷；对已发现的质量缺陷，建筑施工企业应当修复。

第六十一条　交付竣工验收的建筑工程，必须符合规定的建筑工程质量标准，有完整的工程技术经济资料和经签署的工程保修书，并具备国家规定的其他竣工条件。

建筑工程竣工经验收合格后，方可交付使用；未经验收或验收不合格的，不得交付使用。

第六十二条　建筑工程实行质量保修制度。

建筑工程的保修范围应当包括地基基础工程、主体结构工程、屋面防水工程和其他土建工程，以及电气管线、上下水管线的安装工程，供热、供冷系统工程等项目；保修的期限应当按照保证建筑物合理寿命年限内正常使用，维护使用者合法权益的原则确定。具体的保修范围和最低保修期限由国务院规定。

第六十三条　任何单位和个人对建筑工程的质量事故、质量缺陷都有权向建设行政主管部门或者其他有关部门进行检举、控告、投诉。

第七章　法律责任

第六十四条　违反本法规定，未取得施工许可证或者开工报告未经批准擅自施工的，责令改正，对不符合开工条件的责令停止施工，可以处以罚款。

第六十五条　发包单位将工程发包给不具有相应资质条件的承包单位的，或者违反本法规定将建筑工程肢解发包的，责令改正，处以罚款。

超越本单位资质等级承揽工程的，责令停止违法行为，处以罚款，可以责令停业整顿，降低资质等级；情节严重的，吊销资质证书；有违法所得的，予以没收。

未取得资质证书承揽工程的，予以取缔，并处罚款；有违法所得的，予以没收。

以欺骗手段取得资质证书的，吊销资质证书，处以罚款；构成犯罪的，依法追究刑事责任。

第六十六条　建筑施工企业转让、出借资质证书或者以其他方式允许他人以本企业的名义承揽工程的，责令改正，没收违法所得，并处罚款，可以责令停业整顿，降低资质等级；情节严重的，吊销资质证书。对因该项承揽工程不符合规定的质量标准造成的损失，建筑施工企业与使用本企业名义的单位或者个人承担连带赔偿责任。

第六十七条 承包单位将承包的工程转包的，或者违反本法规定进行分包的，责令改正，没收违法所得，并处罚款，可以责令停业整顿，降低资质等级；情节严重的，吊销资质证书。

承包单位有前款规定的违法行为的，对因转包工程或者违法分包的工程不符合规定的质量标准造成的损失，与接受转包或者分包的单位承担连带赔偿责任。

第六十八条 在工程发包与承包中索贿、受贿、行贿，构成犯罪的，依法追究刑事责任；不构成犯罪的，分别处以罚款，没收贿赂的财物，对直接负责的主管人员和其他直接责任人员给予处分。

对在工程承包中行贿的承包单位，除依照前款规定处罚外，可以责令停止整顿，降低资质等级或者吊销资质证书。

第六十九条 工程监理单位与建设单位或者建筑施工企业串通，弄虚作假、降低工程质量的，责令改正，处以罚款，降低资质等级或者吊销资质证书；有违法所得的，予以没收；造成损失的，承担连带赔偿责任；构成犯罪的，依法追究刑事责任。

工程监理单位转让监理业务的，责令改正，没收违法所得，可以责令停业整顿，降低资质等级；情节严重的，吊销资质证书。

第七十条 违反本法规定，涉及建筑主体或者承重结构变动的装修工程擅自施工的，责令改正，处以罚款；造成损失的，承担赔偿责任；构成犯罪的，依法追究刑事责任。

第七十一条 建筑施工企业违反本法规定，对建筑安全事故隐患不采取措施予以消除的，责令改正，可以处以罚款；情节严重的，责令停业整顿，降低资质等级或者吊销资质证书；构成犯罪的，依法追究刑事责任。

建筑施工企业的管理人员违章指挥、强令职工冒险作业，因而发生重大伤亡事故或者造成其他严重后果的，依法追究刑事责任。

第七十二条 建设单位违反本法规规定，要求建筑设计单位或者建筑施工企业违反建筑工程质量、安全标准，降低工程质量的，责令改正，可以处以罚款；构成犯罪的，依法追究刑事责任。

第七十三条 建筑设计单位不按照建筑工程质量、安全标准进行设计的，责令改正，处以罚款；造成工程质量事故的，责令停业整顿，降低资质等级或者吊销资质证书，没收违法所得，并处罚款；造成损失的，承担赔偿责任；构成犯罪的，依法追究刑事责任。

第七十四条 建筑施工企业在施工中偷工减料的，使用不合格的建筑材料、建筑构配件和设备的，或者有其他不按照工程设计图纸或者施工技术标准施工的行为的，责令改正，处以罚款；情节严重的，责令停业整顿，降低资质等级或者吊销资质证书；造成建筑工程质量不符合规定的质量标准的，负责返工、修理，并赔偿因此造成的损失；构成犯罪的，依法追究刑事责任。

第七十五条　建筑施工企业违反本法规定，不履行保修义务或者拖延履行保修义务的，责令改正，可以处以罚款，并对在保修期内因屋顶、墙面渗漏、开裂等质量缺陷造成的损失，承担赔偿责任。

第七十六条　本法规定的责令停业整顿、降低资质等级和吊销资质证书的行政处罚，由颁发资质证书的机关决定；其他行政处罚，由建设行政主管部门或者有关部门依照法律和国务院规定的职权范围决定。

依照本法规定被吊销资质证书的，由工商行政管理部门吊销其营业执照。

第七十七条　违反本法规定，对不具备相应资质等级条件的单位颁发该等级资质证书的，由其上级机关责令收回所发的资质证书，对直接负责的主管人员和其他直接责任人员给予行政处分；构成犯罪的，依法追究刑事责任。

第七十八条　政府及其所属部门的工作人员违反本法规定，限定发包单位将招标发包的工程发包给指定的承包单位的，由上级机关责令改正；构成犯罪的，依法追究刑事责任。

第七十九条　负责颁发建筑工程施工许可证的部门及其工作人员对不符合施工条件的建筑工程颁发施工许可证的，负责工程质量监督检查或者竣工验收的部门及其工作人员对不合格的建筑工程出具质量合格文件或者按合格工程验收的，由上级机关责令改正，对责任人员给予行政处分；构成犯罪的，依法追究刑事责任；造成损失的，由该部门承担相应的赔偿责任。

第八十条　在建筑物的合理使用寿命内，因建筑工程质量不合格受到损害的，有权向责任者要求赔偿。

第八章　附　　则

第八十一条　本法关于施工许可、建筑施工企业资质审查和建筑工程发包、承包、禁止转包，以及建筑工程监理、建筑工程安全和质量管理的规定，适用于其他专业建筑工程的建筑活动，具体办法由国务院规定。

第八十二条　建设行政主管部门和其他有关部门在对建筑活动实施监督管理中，除按照国务院有关规定收取费用外，不得收取其他费用。

第八十三条　省、自治区、直辖市人民政府确定的小型房屋建筑工程的建筑活动，参照本法执行。

依法核定作为文物保护的纪念建筑物和古建筑等的修缮，依照文物保护的有关法律规定执行。

抢险救灾及其他临时性房屋建筑和农民自建低层住宅的建筑活动，不适用本法。

第八十四条　军用房屋建筑工程建筑活动的具体管理办法，由国务院、中央军事委员会依据本法制定。

第八十五条　本法自 1998 年 3 月 1 日起施行。

建设工程质量管理条例

（2000年1月10日国务院第25次常务会议通过　2000年1月30日
中华人民共和国国务院令第279号公布　自公布之日起施行）

第一章　总　则

第一条　为了加强对建设工程质量的管理，保证建设工程质量，保护人民生命和财产安全，根据《中华人民共和国建筑法》，制定本条例。

第二条　凡在中华人民共和国境内从事建设工程的新建、扩建、改建等有关活动及实施对建设工程质量监督管理的，必须遵守本条例。

本条例所称建设工程，是指土木工程、建筑工程、线路管道和设备安装工程及装修工程。

第三条　建设单位、勘察单位、设计单位、施工单位、工程监理单位依法对建设工程质量负责。

第四条　县级以上人民政府建设行政主管部门和其他有关部门应当加强对建设工程质量的监督管理。

第五条　从事建设工程活动，必须严格执行基本建设程序，坚持先勘察、后设计、再施工的原则。

县级以上人民政府及其有关部门不得超越权限审批建设项目或者擅自简化基本建设程序。

第六条　国家鼓励采用先进的科学技术和管理方法，提高建设工程质量。

第二章　建设单位的质量责任和义务

第七条　建设单位应当将工程发包给具有相应资质等级的单位。

建设单位不得将建设工程肢解发包。

第八条　建设单位应当依法对工程建设项目的勘察、设计、施工、监理以及与工程建设有关的重要设备、材料等的采购进行招标。

第九条　建设单位必须向有关的勘察、设计、施工、工程监理等单位提供与建设工程有关的原始资料。

原始资料必须真实、准确、齐全。

第十条　建设工程发包单位不得迫使承包方以低于成本的价格竞标，不得任意压缩合理工期。

建设单位不得明示或者暗示设计单位或者施工单位违反工程建设强制性标准，降低建设工程质量。

第十一条　建设单位应当将施工图设计文件报县级以上人民政府建设行政主管部门

或者其他有关部门审查。施工图设计文件审查的具体办法，由国务院建设行政主管部门会同国务院其他有关部门制定。

施工图设计文件未经审查批准的，不得使用。

第十二条　实行监理的建设工程，建设单位应当委托具有相应资质等级的工程监理单位进行监理，也可以委托具有工程监理相应资质等级并与被监理工程的施工承包单位没有隶属关系或者其他利害关系的该工程的设计单位进行监理。

下列建设工程必须实行监理：

（一）国家重点建设工程；

（二）大中型公用事业工程；

（三）成片开发建设的住宅小区工程；

（四）利用外国政府或者国际组织贷款、援助资金的工程；

（五）国家规定必须实行监理的其他工程。

第十三条　建设单位在领取施工许可证或者开工报告前，应当按照国家有关规定办理工程质量监督手续。

第十四条　按照合同约定，由建设单位采购建筑材料、建筑构配件和设备的，建设单位应当保证建筑材料、建筑构配件和设备符合设计文件和合同要求。

建设单位不得明示或者暗示施工单位使用不合格的建筑材料、建筑构配件和设备。

第十五条　涉及建筑主体和承重结构变动的装修工程，建设单位应当在施工前委托原设计单位或者具有相应资质等级的设计单位提出设计方案；没有设计方案的，不得施工。

房屋建筑使用者在装修过程中，不得擅自变动房屋建筑主体和承重结构。

第十六条　建设单位收到建设工程竣工报告后，应当组织设计、施工、工程监理等有关单位进行竣工验收。

建设工程竣工验收应当具备下列条件：

（一）完成建设工程设计和合同约定的各项内容；

（二）有完整的技术档案和施工管理资料；

（三）有工程使用的主要建筑材料、建筑构配件和设备的进场试验报告；

（四）有勘察、设计、施工、工程监理等单位分别签署的质量合格文件；

（五）有施工单位签署的工程保修书。

建设工程经验收合格的，方可交付使用。

第十七条　建设单位应当严格按照国家有关档案管理的规定，及时收集、整理建设项目各环节的文件资料，建立、健全建设项目档案，并在建设工程竣工验收后，及时向建设行政主管部门或者其他有关部门移交建设项目档案。

第三章　勘察、设计单位的质量责任和义务

第十八条　从事建设工程勘察、设计的单位应当依法取得相应等级的资质证书，并

在其资质等级许可的范围内承揽工程。

禁止勘察、设计单位超越其资质等级许可的范围或者以其他勘察、设计单位的名义承揽工程。禁止勘察、设计单位允许其他单位或者个人以本单位的名义承揽工程。

勘察、设计单位不得转包或者违法分包所承揽的工程。

第十九条 勘察、设计单位必须按照工程建设强制性标准进行勘察、设计，并对其勘察、设计的质量负责。

注册建筑师、注册结构工程师等注册执业人员应当在设计文件上签字，对设计文件负责。

第二十条 勘察单位提供的地质、测量、水文等勘察成果必须真实、准确。

第二十一条 设计单位应当根据勘察成果文件进行建设工程设计。

设计文件应当符合国家规定的设计深度要求，注明工程合理使用年限。

第二十二条 设计单位在设计文件中选用的建筑材料、建筑构配件和设备，应当注明规格、型号、性能等技术指标，其质量要求必须符合国家规定的标准。

除有特殊要求的建筑材料、专用设备、工艺生产线等外，设计单位不得指定生产厂、供应商。

第二十三条 设计单位应当就审查合格的施工图设计文件向施工单位作出详细说明。

第二十四条 设计单位应当参与建设工程质量事故分析，并对因设计造成的质量事故，提出相应的技术处理方案。

第四章 施工单位的质量责任和义务

第二十五条 施工单位应当依法取得相应等级的资质证书，并在其资质等级许可的范围内承揽工程。

禁止施工单位超越本单位资质等级许可的业务范围或者以其他施工单位的名义承揽工程。禁止施工单位允许其他单位或者个人以本单位的名义承揽工程。

施工单位不得转包或者违法分包工程。

第二十六条 施工单位对建设工程的施工质量负责。

施工单位应当建立质量责任制，确定工程项目的项目经理、技术负责人和施工管理负责人。

建设工程实行总承包的，总承包单位应当对全部建设工程质量负责；建设工程勘察、设计、施工、设备采购的一项或者多项实行总承包的，总承包单位应当对其承包的建设工程或者采购的设备的质量负责。

第二十七条 总承包单位依法将建设工程分包给其他单位的，分包单位应当按照分包合同的约定对其分包工程的质量向总承包单位负责，总承包单位与分包单位对分包工程的质量承担连带责任。

第二十八条 施工单位必须按照工程设计图纸和施工技术标准施工，不得擅自修改工程设计，不得偷工减料。

施工单位在施工过程中发现设计文件和图纸有差错的，应当及时提出意见和建议。

第二十九条　施工单位必须按照工程设计要求、施工技术标准和合同约定，对建筑材料、建筑构配件、设备和商品混凝土进行检验，检验应当有书面记录和专人签字；未经检验或者检验不合格的，不得使用。

第三十条　施工单位必须建立、健全施工质量的检验制度，严格工序管理，作好隐蔽工程的质量检查和记录。隐蔽工程在隐蔽前，施工单位应当通知建设单位和建设工程质量监督机构。

第三十一条　施工人员对涉及结构安全的试块、试件以及有关材料，应当在建设单位或者工程监理单位监督下现场取样，并送具有相应资质等级的质量检测单位进行检测。

第三十二条　施工单位对施工中出现质量问题的建设工程或者竣工验收不合格的建设工程，应当负责返修。

第三十三条　施工单位应当建立、健全教育培训制度，加强对职工的教育培训；未经教育培训或者考核不合格的人员，不得上岗作业。

第五章　工程监理单位的质量责任和义务

第三十四条　工程监理单位应当依法取得相应等级的资质证书，并在其资质等级许可的范围内承担工程监理业务。

禁止工程监理单位超越本单位资质等级许可的范围或者以其他工程监理单位的名义承担工程监理业务。禁止工程监理单位允许其他单位或者个人以本单位的名义承担工程监理业务。

工程监理单位不得转让工程监理业务。

第三十五条　工程监理单位与被监理工程的施工承包单位以及建筑材料、建筑构配件和设备供应单位有隶属关系或者其他利害关系的，不得承担该项建设工程的监理业务。

第三十六条　工程监理单位应当依照法律、法规以及有关技术标准、设计文件和建设工程承包合同，代表建设单位对施工质量实施监理，并对施工质量承担监理责任。

第三十七条　工程监理单位应当选派具备相应资格的总监理工程师和监理工程师进驻施工现场。

未经监理工程师签字，建筑材料、建筑构配件和设备不得在工程上使用或者安装，施工单位不得进行下一道工序的施工。未经总监理工程师签字，建设单位不拨付工程款，不进行竣工验收。

第三十八条　监理工程师应当按照工程监理规范的要求，采取旁站、巡视和平行检验等形式，对建设工程实施监理。

第六章　建设工程质量保修

第三十九条　建设工程实行质量保修制度。

建设工程承包单位在向建设单位提交工程竣工验收报告时，应当向建设单位出具质量保修书。质量保修书中应当明确建设工程的保修范围、保修期限和保修责任等。

第四十条　在正常使用条件下，建设工程的最低保修期限为：

（一）基础设施工程、房屋建筑的地基基础工程和主体结构工程，为设计文件规定的该工程的合理使用年限；

（二）屋面防水工程、有防水要求的卫生间、房间和外墙面的防渗漏，为5年；

（三）供热与供冷系统，为2个采暖期、供冷期；

（四）电气管线、给排水管道、设备安装和装修工程，为2年。

其他项目的保修期限由发包方与承包方约定。

建设工程的保修期，自竣工验收合格之日起计算。

第四十一条　建设工程在保修范围和保修期限内发生质量问题的，施工单位应当履行保修义务，并对造成的损失承担赔偿责任。

第四十二条　建设工程在超过合理使用年限后需要继续使用的，产权所有人应当委托具有相应资质等级的勘察、设计单位鉴定，并根据鉴定结果采取加固、维修等措施，重新界定使用期。

第七章　监督管理

第四十三条　国家实行建设工程质量监督管理制度。

国务院建设行政主管部门对全国的建设工程质量实施统一监督管理。国务院铁路、交通、水利等有关部门按照国务院规定的职责分工，负责对全国的有关专业建设工程质量的监督管理。

县级以上地方人民政府建设行政主管部门对本行政区域内的建设工程质量实施监督管理。县级以上地方人民政府交通、水利等有关部门在各自的职责范围内，负责对本行政区域内的专业建设工程质量的监督管理。

第四十四条　国务院建设行政主管部门和国务院铁路、交通、水利等有关部门应当加强对有关建设工程质量的法律、法规和强制性标准执行情况的监督检查。

第四十五条　国务院发展计划部门按照国务院规定的职责，组织稽察特派员，对国家出资的重大建设项目实施监督检查。

国务院经济贸易主管部门按照国务院规定的职责，对国家重大技术改造项目实施监督检查。

第四十六条　建设工程质量监督管理，可以由建设行政主管部门或者其他有关部门委托的建设工程质量监督机构具体实施。

从事房屋建筑工程和市政基础设施工程质量监督的机构，必须按照国家有关规定经国务院建设行政主管部门或者省、自治区、直辖市人民政府建设行政主管部门考核；从事专业建设工程质量监督的机构，必须按照国家有关规定经国务院有关部门或者省、自治区、直辖市人民政府有关部门考核。经考核合格后，方可实施质量监督。

第四十七条　县级以上地方人民政府建设行政主管部门和其他有关部门应当加强对有关建设工程质量的法律、法规和强制性标准执行情况的监督检查。

第四十八条　县级以上人民政府建设行政主管部门和其他有关部门履行监督检查职责时，有权采取下列措施：

（一）要求被检查的单位提供有关工程质量的文件和资料；

（二）进入被检查单位的施工现场进行检查；

（三）发现有影响工程质量的问题时，责令改正。

第四十九条　建设单位应当自建设工程竣工验收合格之日起 15 日内，将建设工程竣工验收报告和规划、公安消防、环保等部门出具的认可文件或者准许使用文件报建设行政主管部门或者其他有关部门备案。

建设行政主管部门或者其他有关部门发现建设单位在竣工验收过程中有违反国家有关建设工程质量管理规定行为的，责令停止使用，重新组织竣工验收。

第五十条　有关单位和个人对县级以上人民政府建设行政主管部门和其他有关部门进行的监督检查应当支持与配合，不得拒绝或者阻碍建设工程质量监督检查人员依法执行职务。

第五十一条　供水、供电、供气、公安消防等部门或者单位不得明示或者暗示建设单位、施工单位购买其指定的生产供应单位的建筑材料、建筑构配件和设备。

第五十二条　建设工程发生质量事故，有关单位应当在 24 小时内向当地建设行政主管部门和其他有关部门报告。对重大质量事故，事故发生地的建设行政主管部门和其他有关部门应当按照事故类别和等级向当地人民政府和上级建设行政主管部门和其他有关部门报告。

特别重大质量事故的调查程序按照国务院有关规定办理。

第五十三条　任何单位和个人对建设工程的质量事故、质量缺陷都有权检举、控告、投诉。

第八章　罚　　则

第五十四条　违反本条例规定，建设单位将建设工程发包给不具有相应资质等级的勘察、设计、施工单位或者委托给不具有相应资质等级的工程监理单位的，责令改正，处 50 万元以上 100 万元以下的罚款。

第五十五条　违反本条例规定，建设单位将建设工程肢解发包的，责令改正，处工程合同价款百分之零点五以上百分之一以下的罚款；对全部或者部分使用国有资金的项目，并可以暂停项目执行或者暂停资金拨付。

第五十六条　违反本条例规定，建设单位有下列行为之一的，责令改正，处 20 万元以上 50 万元以下的罚款：

（一）迫使承包方以低于成本的价格竞标的；

（二）任意压缩合理工期的；

（三）明示或者暗示设计单位或者施工单位违反工程建设强制性标准，降低工程质量的；

（四）施工图设计文件未经审查或者审查不合格，擅自施工的；

（五）建设项目必须实行工程监理而未实行工程监理的；

（六）未按照国家规定办理工程质量监督手续的；

（七）明示或者暗示施工单位使用不合格的建筑材料、建筑构配件和设备的；

（八）未按照国家规定将竣工验收报告、有关认可文件或者准许使用文件报送备案的。

第五十七条　违反本条例规定，建设单位未取得施工许可证或者开工报告未经批准，擅自施工的，责令停止施工，限期改正，处工程合同价款百分之一以上百分之二以下的罚款。

第五十八条　违反本条例规定，建设单位有下列行为之一的，责令改正，处工程合同价款百分之二以上百分之四以下的罚款；造成损失的，依法承担赔偿责任；

（一）未组织竣工验收，擅自交付使用的；

（二）验收不合格，擅自交付使用的；

（三）对不合格的建设工程按照合格工程验收的。

第五十九条　违反本条例规定，建设工程竣工验收后，建设单位未向建设行政主管部门或者其他有关部门移交建设项目档案的，责令改正，处1万元以上10万元以下的罚款。

第六十条　违反本条例规定，勘察、设计、施工、工程监理单位超越本单位资质等级承揽工程的，责令停止违法行为，对勘察、设计单位或者工程监理单位处合同约定的勘察费、设计费或者监理酬金1倍以上2倍以下的罚款；对施工单位处工程合同价款百分之二以上百分之四以下的罚款，可以责令停业整顿，降低资质等级；情节严重的，吊销资质证书；有违法所得的，予以没收。

未取得资质证书承揽工程的，予以取缔，依照前款规定处以罚款；有违法所得的，予以没收。

以欺骗手段取得资质证书承揽工程的，吊销资质证书，依照本条第一款规定处以罚款；有违法所得的，予以没收。

第六十一条　违反本条例规定，勘察、设计、施工、工程监理单位允许其他单位或者个人以本单位名义承揽工程的，责令改正，没收违法所得，对勘察、设计单位和工程监理单位处合同约定的勘察费、设计费和监理酬金1倍以上2倍以下的罚款；对施工单位处工程合同价款百分之二以上百分之四以下的罚款；可以责令停业整顿，降低资质等级；情节严重的，吊销资质证书。

第六十二条　违反本条例规定，承包单位将承包的工程转包或者违法分包的，责令改正，没收违法所得，对勘察、设计单位处合同约定的勘察费、设计费百分之二十五以上百分之五十以下的罚款；对施工单位处工程合同价款百分之零点五以上百分之一以下的罚款；可以责令停业整顿，降低资质等级；情节严重的，吊销资质证书。

工程监理单位转让工程监理业务的，责令改正，没收违法所得，处合同约定的监理酬金百分之二十五以上百分之五十以下的罚款；可以责令停业整顿，降低资质等级；情节严重的，吊销资质证书。

第六十三条　违反本条例规定，有下列行为之一的，责令改正，处10万元以上30万元以下的罚款：

（一）勘察单位未按照工程建设强制性标准进行勘察的；

（二）设计单位未根据勘察成果文件进行工程设计的；

（三）设计单位指定建筑材料、建筑构配件的生产厂、供应商的；

（四）设计单位未按照工程建设强制性标准进行设计的。

有前款所列行为，造成工程质量事故的，责令停业整顿，降低资质等级；情节严重的，吊销资质证书；造成损失的，依法承担赔偿责任。

第六十四条　违反本条例规定，施工单位在施工中偷工减料的，使用不合格的建筑材料、建筑构配件和设备的，或者有不按照工程设计图纸或者施工技术标准施工的其他行为的，责令改正，处工程合同价款百分之二以上百分之四以下的罚款；造成建设工程质量不符合规定的质量标准的，负责返工、修理，并赔偿因此造成的损失；情节严重的，责令停业整顿，降低资质等级或者吊销资质证书。

第六十五条　违反本条例规定，施工单位未对建筑材料、建筑构配件、设备和商品混凝土进行检验，或者未对涉及结构安全的试块、试件以及有关材料取样检测的，责令改正，处10万元以上20万元以下的罚款；情节严重的，责令停业整顿，降低资质等级或者吊销资质证书；造成损失的，依法承担赔偿责任。

第六十六条　违反本条例规定，施工单位不履行保修义务或者拖延履行保修义务的，责令改正，处10万元以上20万元以下的罚款，并对在保修期内因质量缺陷造成的损失承担赔偿责任。

第六十七条　工程监理单位有下列行为之一的，责令改正，处50万元以上100万元以下的罚款，降低资质等级或者吊销资质证书；有违法所得的，予以没收；造成损失的，承担连带赔偿责任：

（一）与建设单位或者施工单位串通，弄虚作假、降低工程质量的；

（二）将不合格的建设工程、建筑材料、建筑构配件和设备按照合格签字的。

第六十八条　违反本条例规定，工程监理单位与被监理工程的施工承包单位以及建筑材料、建筑构配件和设备供应单位有隶属关系或者其他利害关系承担该项建设工程的监理业务的，责令改正，处5万元以上10万元以下的罚款，降低资质等级或者吊销资质证书；有违法所得的，予以没收。

第六十九条　违反本条例规定，涉及建筑主体或者承重结构变动的装修工程，没有设计方案擅自施工的，责令改正，处50万元以上100万元以下的罚款；房屋建筑使用者在装修过程中擅自变动房屋建筑主体和承重结构的，责令改正，处5万元以上10万元以下的罚款。

有前款所列行为，造成损失的，依法承担赔偿责任。

第七十条 发生重大工程质量事故隐瞒不报、谎报或者拖延报告期限的，对直接负责的主管人员和其他责任人员依法给予行政处分。

第七十一条 违反本条例规定，供水、供电、供气、公安消防等部门或者单位明示或者暗示建设单位或者施工单位购买其指定的生产供应单位的建筑材料、建筑构配件和设备的，责令改正。

第七十二条 违反本条例规定，注册建筑师、注册结构工程师、监理工程师等注册执业人员因过错造成质量事故的，责令停止执业1年；造成重大质量事故的，吊销执业资格证书，5年以内不予注册；情节特别恶劣的，终身不予注册。

第七十三条 依照本条例规定，给予单位罚款处罚的，对单位直接负责的主管人员和其他直接责任人员处单位罚款数额百分之五以上百分之十以下的罚款。

第七十四条 建设单位、设计单位、施工单位、工程监理单位违反国家规定，降低工程质量标准，造成重大安全事故，构成犯罪的，对直接责任人员依法追究刑事责任。

第七十五条 本条例规定的责令停业整顿，降低资质等级和吊销资质证书的行政处罚，由颁发资质证书的机关决定；其他行政处罚，由建设行政主管部门或者其他有关部门依照法定职权决定。

依照本条例规定被吊销资质证书的，由工商行政管理部门吊销其营业执照。

第七十六条 国家机关工作人员在建设工程质量监督管理工作中玩忽职守、滥用职权、徇私舞弊，构成犯罪的，依法追究刑事责任；尚不构成犯罪的，依法给予行政处分。

第七十七条 建设、勘察、设计、施工、工程监理单位的工作人员因调动工作、退休等原因离开该单位后，被发现在该单位工作期间违反国家有关建设工程质量管理规定，造成重大工程质量事故的，仍应当依法追究法律责任。

第九章 附 则

第七十八条 本条例所称肢解发包，是指建设单位将应当由一个承包单位完成的建设工程分解成若干部分发包给不同的承包单位的行为。

本条例所称违法分包，是指下列行为：

（一）总承包单位将建设工程分包给不具备相应资质条件的单位的；

（二）建设工程总承包合同中未有约定，又未经建设单位认可，承包单位将其承包的部分建设工程交由其他单位完成的；

（三）施工总承包单位将建设工程主体结构的施工分包给其他单位的；

（四）分包单位将其承包的建设工程再分包的。

本条例所称转包，是指承包单位承包建设工程后，不履行合同约定的责任和义务，将其承包的全部建设工程转给他人或者将其承包的全部建设工程肢解以后以分包的名义分别转给其他单位承包的行为。

第七十九条 本条例规定的罚款和没收的违法所得，必须全部上缴国库。

第八十条 抢险救灾及其他临时性房屋建筑和农民自建低层住宅的建设活动，不适用本条例。

第八十一条 军事建设工程的管理，按照中央军事委员会的有关规定执行。

第八十二条 本条例自发布之日起施行。

附：刑法有关条款

第一百三十七条 建设单位、设计单位、施工单位、工程监理单位违反国家规定，降低工程质量标准，造成重大安全事故的，对直接责任人员处五年以下有期徒刑或者拘役，并处罚金；后果特别严重的，处五年以上十年以下有期徒刑，并处罚金。

建设工程安全生产管理条例

（2003年11月12日国务院第28次常务会议通过　2003年11月24日
中华人民共和国国务院令第393号公布　自2004年2月1日起施行）

第一章　总　　则

第一条　为了加强建设工程安全生产监督管理，保障人民群众生命和财产安全，根据《中华人民共和国建筑法》、《中华人民共和国安全生产法》，制定本条例。

第二条　在中华人民共和国境内从事建设工程的新建、扩建、改建和拆除等有关活动及实施对建设工程安全生产的监督管理，必须遵守本条例。

本条例所称建设工程，是指土木工程、建筑工程、线路管道和设备安装工程及装修工程。

第三条　建设工程安全生产管理，坚持安全第一、预防为主的方针。

第四条　建设单位、勘察单位、设计单位、施工单位、工程监理单位及其他与建设工程安全生产有关的单位，必须遵守安全生产法律、法规的规定，保证建设工程安全生产，依法承担建设工程安全生产责任。

第五条　国家鼓励建设工程安全生产的科学技术研究和先进技术的推广应用，推进建设工程安全生产的科学管理。

第二章　建设单位的安全责任

第六条　建设单位应当向施工单位提供施工现场及毗邻区域内供水、排水、供电、供气、供热、通信、广播电视等地下管线资料，气象和水文观测资料，相邻建筑物和构筑物、地下工程的有关资料，并保证资料的真实、准确、完整。

建设单位因建设工程需要，向有关部门或者单位查询前款规定的资料时，有关部门或者单位应当及时提供。

第七条　建设单位不得对勘察、设计、施工、工程监理等单位提出不符合建设工程安全生产法律、法规和强制性标准规定的要求，不得压缩合同约定的工期。

第八条　建设单位在编制工程概算时，应当确定建设工程安全作业环境及安全施工措施所需费用。

第九条　建设单位不得明示或者暗示施工单位购买、租赁、使用不符合安全施工要求的安全防护用具、机械设备、施工机具及配件、消防设施和器材。

第十条　建设单位在申请领取施工许可证时，应当提供建设工程有关安全施工措施的资料。

依法批准开工报告的建设工程，建设单位应当自开工报告批准之日起15日内，将保证安全施工的措施报送建设工程所在地的县级以上地方人民政府建设行政主管部门或者其他有关部门备案。

第十一条　建设单位应当将拆除工程发包给具有相应资质等级的施工单位。

建设单位应当在拆除工程施工 15 日前，将下列资料报送建设工程所在地的县级以上地方人民政府建设行政主管部门或者其他有关部门备案：

（一）施工单位资质等级证明；

（二）拟拆除建筑物、构筑物及可能危及毗邻建筑的说明；

（三）拆除施工组织方案；

（四）堆放、清除废弃物的措施。

实施爆破作业的，应当遵守国家有关民用爆炸物品管理的规定。

第三章　勘察、设计、工程监理及其他有关单位的安全责任

第十二条　勘察单位应当按照法律、法规和工程建设强制性标准进行勘察，提供的勘察文件应当真实、准确，满足建设工程安全生产的需要。

勘察单位在勘察作业时，应当严格执行操作规程，采取措施保证各类管线、设施和周边建筑物、构筑物的安全。

第十三条　设计单位应当按照法律、法规和工程建设强制性标准进行设计，防止因设计不合理导致生产安全事故的发生。

设计单位应当考虑施工安全操作和防护的需要，对涉及施工安全的重点部位和环节在设计文件中注明，并对防范生产安全事故提出指导意见。

采用新结构、新材料、新工艺的建设工程和特殊结构的建设工程，设计单位应当在设计中提出保障施工作业人员安全和预防生产安全事故的措施建议。

设计单位和注册建筑师等注册执业人员应当对其设计负责。

第十四条　工程监理单位应当审查施工组织设计中的安全技术措施或者专项施工方案是否符合工程建设强制性标准。

工程监理单位在实施监理过程中，发现存在安全事故隐患的，应当要求施工单位整改；情况严重的，应当要求施工单位暂时停止施工，并及时报告建设单位。施工单位拒不整改或者不停止施工的，工程监理单位应当及时向有关主管部门报告。

工程监理单位和监理工程师应当按照法律、法规和工程建设强制性标准实施监理，并对建设工程安全生产承担监理责任。

第十五条　为建设工程提供机械设备和配件的单位，应当按照安全施工的要求配备齐全有效的保险、限位等安全设施和装置。

第十六条　出租的机械设备和施工机具及配件，应当具有生产（制造）许可证、产品合格证。

出租单位应当对出租的机械设备和施工机具及配件的安全性能进行检测，在签订租赁协议时，应当出具检测合格证明。

禁止出租检测不合格的机械设备和施工机具及配件。

第十七条　在施工现场安装、拆卸施工起重机械和整体提升脚手架、模板等自升式

架设设施，必须由具有相应资质的单位承担。

安装、拆卸施工起重机械和整体提升脚手架、模板等自升式架设设施，应当编制拆装方案、制定安全施工措施，并由专业技术人员现场监督。

施工起重机械和整体提升脚手架、模板等自升式架设设施安装完毕后，安装单位应当自检，出具自检合格证明，并向施工单位进行安全使用说明，办理验收手续并签字。

第十八条 施工起重机械和整体提升脚手架、模板等自升式架设设施的使用达到国家规定的检验检测期限的，必须经具有专业资质的检验检测机构检测。经检测不合格的，不得继续使用。

第十九条 检验检测机构对检测合格的施工起重机械和整体提升脚手架、模板等自升式架设设施，应当出具安全合格证明文件，并对检测结果负责。

第四章　施工单位的安全责任

第二十条 施工单位从事建设工程的新建、扩建、改建和拆除等活动，应当具备国家规定的注册资本、专业技术人员、技术装备和安全生产等条件，依法取得相应等级的资质证书，并在其资质等级许可的范围内承揽工程。

第二十一条 施工单位主要负责人依法对本单位的安全生产工作全面负责。施工单位应当建立健全安全生产责任制度和安全生产教育培训制度，制定安全生产规章制度和操作规程，保证本单位安全生产条件所需资金的投入，对所承担的建设工程进行定期和专项安全检查，并做好安全检查记录。

施工单位的项目负责人应当由取得相应执业资格的人员担任，对建设工程项目的安全施工负责，落实安全生产责任制度、安全生产规章制度和操作规程，确保安全生产费用的有效使用，并根据工程的特点组织制定安全施工措施，消除安全事故隐患，及时、如实报告生产安全事故。

第二十二条 施工单位对列入建设工程概算的安全作业环境及安全施工措施所需费用，应当用于施工安全防护用具及设施的采购和更新、安全施工措施的落实、安全生产条件的改善，不得挪作他用。

第二十三条 施工单位应当设立安全生产管理机构，配备专职安全生产管理人员。

专职安全生产管理人员负责对安全生产进行现场监督检查。发现安全事故隐患，应当及时向项目负责人和安全生产管理机构报告；对违章指挥、违章操作的，应当立即制止。

专职安全生产管理人员的配备办法由国务院建设行政主管部门会同国务院其他有关部门制定。

第二十四条 建设工程实行施工总承包的，由总承包单位对施工现场的安全生产负总责。

总承包单位应当自行完成建设工程主体结构的施工。

总承包单位依法将建设工程分包给其他单位的，分包合同中应当明确各自的安全生产方面的权利、义务。总承包单位和分包单位对分包工程的安全生产承担连带责任。

分包单位应当服从总承包单位的安全生产管理，分包单位不服从管理导致生产安全事故的，由分包单位承担主要责任。

第二十五条　垂直运输机械作业人员、安装拆卸工、爆破作业人员、起重信号工、登高架设作业人员等特种作业人员，必须按照国家有关规定经过专门的安全作业培训，并取得特种作业操作资格证书后，方可上岗作业。

第二十六条　施工单位应当在施工组织设计中编制安全技术措施和施工现场临时用电方案，对下列达到一定规模的危险性较大的分部分项工程编制专项施工方案，并附具安全验算结果，经施工单位技术负责人、总监理工程师签字后实施，由专职安全生产管理人员进行现场监督：

（一）基坑支护与降水工程；

（二）土方开挖工程；

（三）模板工程；

（四）起重吊装工程；

（五）脚手架工程；

（六）拆除、爆破工程；

（七）国务院建设行政主管部门或者其他有关部门规定的其他危险性较大的工程。

对前款所列工程中涉及深基坑、地下暗挖工程、高大模板工程的专项施工方案，施工单位还应当组织专家进行论证、审查。

本条第一款规定的达到一定规模的危险性较大工程的标准，由国务院建设行政主管部门会同国务院其他有关部门制定。

第二十七条　建设工程施工前，施工单位负责项目管理的技术人员应当对有关安全施工的技术要求向施工作业班组、作业人员作出详细说明，并由双方签字确认。

第二十八条　施工单位应当在施工现场入口处、施工起重机械、临时用电设施、脚手架、出入通道口、楼梯口、电梯井口、孔洞口、桥梁口、隧道口、基坑边沿、爆破物及有害危险气体和液体存放处等危险部位，设置明显的安全警示标志。安全警示标志必须符合国家标准。

施工单位应当根据不同施工阶段和周围环境及季节、气候的变化，在施工现场采取相应的安全施工措施。施工现场暂时停止施工的，施工单位应当做好现场防护，所需费用由责任方承担，或者按照合同约定执行。

第二十九条　施工单位应当将施工现场的办公、生活区与作业区分开设置，并保持安全距离；办公、生活区的选址应当符合安全性要求。职工的膳食、饮水、休息场所等应当符合卫生标准。施工单位不得在尚未竣工的建筑物内设置员工集体宿舍。

施工现场临时搭建的建筑物应当符合安全使用要求。施工现场使用的装配式活动房屋应当具有产品合格证。

第三十条　施工单位对因建设工程施工可能造成损害的毗邻建筑物、构筑物和地下管线等，应当采取专项防护措施。

施工单位应当遵守有关环境保护法律、法规的规定，在施工现场采取措施，防止或者减少粉尘、废气、废水、固体废物、噪声、振动和施工照明对人和环境的危害和污染。

在城市市区内的建设工程，施工单位应当对施工现场实行封闭围挡。

第三十一条 施工单位应当在施工现场建立消防安全责任制度，确定消防安全责任人，制定用火、用电、使用易燃易爆材料等各项消防安全管理制度和操作规程，设置消防通道、消防水源，配备消防设施和灭火器材，并在施工现场入口处设置明显标志。

第三十二条 施工单位应当向作业人员提供安全防护用具和安全防护服装，并书面告知危险岗位的操作规程和违章操作的危害。

作业人员有权对施工现场的作业条件、作业程序和作业方式中存在的安全问题提出批评、检举和控告，有权拒绝违章指挥和强令冒险作业。

在施工中发生危及人身安全的紧急情况时，作业人员有权立即停止作业或者在采取必要的应急措施后撤离危险区域。

第三十三条 作业人员应当遵守安全施工的强制性标准、规章制度和操作规程，正确使用安全防护用具、机械设备等。

第三十四条 施工单位采购、租赁的安全防护用具、机械设备、施工机具及配件，应当具有生产（制造）许可证、产品合格证，并在进入施工现场前进行查验。

施工现场的安全防护用具、机械设备、施工机具及配件必须由专人管理，定期进行检查、维修和保养，建立相应的资料档案，并按照国家有关规定及时报废。

第三十五条 施工单位在使用施工起重机械和整体提升脚手架、模板等自升式架设设施前，应当组织有关单位进行验收，也可以委托具有相应资质的检验检测机构进行验收；使用承租的机械设备和施工机具及配件的，由施工总承包单位、分包单位、出租单位和安装单位共同进行验收。验收合格的方可使用。

《特种设备安全监察条例》规定的施工起重机械，在验收前应当经有相应资质的检验检测机构监督检验合格。

施工单位应当自施工起重机械和整体提升脚手架、模板等自升式架设设施验收合格之日起30日内，向建设行政主管部门或者其他有关部门登记。登记标志应当置于或者附着于该设备的显著位置。

第三十六条 施工单位的主要负责人、项目负责人、专职安全生产管理人员应当经建设行政主管部门或者其他有关部门考核合格后方可任职。

施工单位应当对管理人员和作业人员每年至少进行一次安全生产教育培训，其教育培训情况记入个人工作档案。安全生产教育培训考核不合格的人员，不得上岗。

第三十七条 作业人员进入新的岗位或者新的施工现场前，应当接受安全生产教育培训。未经教育培训或者教育培训考核不合格的人员，不得上岗作业。

施工单位在采用新技术、新工艺、新设备、新材料时，应当对作业人员进行相应的安全生产教育培训。

第三十八条 施工单位应当为施工现场从事危险作业的人员办理意外伤害保险。

意外伤害保险费由施工单位支付。实行施工总承包的，由总承包单位支付意外伤害保险费。意外伤害保险期限自建设工程开工之日起至竣工验收合格止。

第五章　监督管理

第三十九条　国务院负责安全生产监督管理的部门依照《中华人民共和国安全生产法》的规定，对全国建设工程安全生产工作实施综合监督管理。

县级以上地方人民政府负责安全生产监督管理的部门依照《中华人民共和国安全生产法》的规定，对本行政区域内建设工程安全生产工作实施综合监督管理。

第四十条　国务院建设行政主管部门对全国的建设工程安全生产实施监督管理。国务院铁路、交通、水利等有关部门按照国务院规定的职责分工，负责有关专业建设工程安全生产的监督管理。

县级以上地方人民政府建设行政主管部门对本行政区域内的建设工程安全生产实施监督管理。县级以上地方人民政府交通、水利等有关部门在各自的职责范围内，负责本行政区域内的专业建设工程安全生产的监督管理。

第四十一条　建设行政主管部门和其他有关部门应当将本条例第十条、第十一条规定的有关资料的主要内容抄送同级负责安全生产监督管理的部门。

第四十二条　建设行政主管部门在审核发放施工许可证时，应当对建设工程是否有安全施工措施进行审查，对没有安全施工措施的，不得颁发施工许可证。

建设行政主管部门或者其他有关部门对建设工程是否有安全施工措施进行审查时，不得收取费用。

第四十三条　县级以上人民政府负有建设工程安全生产监督管理职责的部门在各自的职责范围内履行安全监督检查职责时，有权采取下列措施：

（一）要求被检查单位提供有关建设工程安全生产的文件和资料；

（二）进入被检查单位施工现场进行检查；

（三）纠正施工中违反安全生产要求的行为；

（四）对检查中发现的安全事故隐患，责令立即排除；重大安全事故隐患排除前或者排除过程中无法保证安全的，责令从危险区域内撤出作业人员或者暂时停止施工。

第四十四条　建设行政主管部门或者其他有关部门可以将施工现场的监督检查委托给建设工程安全监督机构具体实施。

第四十五条　国家对严重危及施工安全的工艺、设备、材料实行淘汰制度。具体目录由国务院建设行政主管部门会同国务院其他有关部门制定并公布。

第四十六条　县级以上人民政府建设行政主管部门和其他有关部门应当及时受理对建设工程生产安全事故及安全事故隐患的检举、控告和投诉。

第六章　生产安全事故的应急救援和调查处理

第四十七条　县级以上地方人民政府建设行政主管部门应当根据本级人民政府的要求，制定本行政区域内建设工程特大生产安全事故应急救援预案。

第四十八条　施工单位应当制定本单位生产安全事故应急救援预案，建立应急救援组织或者配备应急救援人员，配备必要的应急救援器材、设备，并定期组织演练。

第四十九条 施工单位应当根据建设工程施工的特点、范围，对施工现场易发生重大事故的部位、环节进行监控，制定施工现场生产安全事故应急救援预案。实行施工总承包的，由总承包单位统一组织编制建设工程生产安全事故应急救援预案，工程总承包单位和分包单位按照应急救援预案，各自建立应急救援组织或者配备应急救援人员，配备救援器材、设备，并定期组织演练。

第五十条 施工单位发生生产安全事故，应当按照国家有关伤亡事故报告和调查处理的规定，及时、如实地向负责安全生产监督管理的部门、建设行政主管部门或者其他有关部门报告；特种设备发生事故的，还应当同时向特种设备安全监督管理部门报告。接到报告的部门应当按照国家有关规定，如实上报。

实行施工总承包的建设工程，由总承包单位负责上报事故。

第五十一条 发生生产安全事故后，施工单位应当采取措施防止事故扩大，保护事故现场。需要移动现场物品时，应当做出标记和书面记录，妥善保管有关证物。

第五十二条 建设工程生产安全事故的调查、对事故责任单位和责任人的处罚与处理，按照有关法律、法规的规定执行。

第七章　法律责任

第五十三条 违反本条例的规定，县级以上人民政府建设行政主管部门或者其他有关行政管理部门的工作人员，有下列行为之一的，给予降级或者撤职的行政处分；构成犯罪的，依照刑法有关规定追究刑事责任：

（一）对不具备安全生产条件的施工单位颁发资质证书的；

（二）对没有安全施工措施的建设工程颁发施工许可证的；

（三）发现违法行为不予查处的；

（四）不依法履行监督管理职责的其他行为。

第五十四条 违反本条例的规定，建设单位未提供建设工程安全生产作业环境及安全施工措施所需费用的，责令限期改正；逾期未改正的，责令该建设工程停止施工。

建设单位未将保证安全施工的措施或者拆除工程的有关资料报送有关部门备案的，责令限期改正，给予警告。

第五十五条 违反本条例的规定，建设单位有下列行为之一的，责令限期改正，处20万元以上50万元以下的罚款；造成重大安全事故，构成犯罪的，对直接责任人员，依照刑法有关规定追究刑事责任；造成损失的，依法承担赔偿责任：

（一）对勘察、设计、施工、工程监理等单位提出不符合安全生产法律、法规和强制性标准规定的要求的；

（二）要求施工单位压缩合同约定的工期的；

（三）将拆除工程发包给不具有相应资质等级的施工单位的。

第五十六条 违反本条例的规定，勘察单位、设计单位有下列行为之一的，责令限期改正，处10万元以上30万元以下的罚款；情节严重的，责令停业整顿，降低资质等级，直至吊销资质证书；造成重大安全事故，构成犯罪的，对直接责任人员，依照刑法有关规定追究刑事责任；造成损失的，依法承担赔偿责任：

（一）未按照法律、法规和工程建设强制性标准进行勘察、设计的；

（二）采用新结构、新材料、新工艺的建设工程和特殊结构的建设工程，设计单位未在设计中提出保障施工作业人员安全和预防生产安全事故的措施建议的。

第五十七条　违反本条例的规定，工程监理单位有下列行为之一的，责令限期改正；逾期未改正的，责令停业整顿，并处10万元以上30万元以下的罚款；情节严重的，降低资质等级，直至吊销资质证书；造成重大安全事故，构成犯罪的，对直接责任人员，依照刑法有关规定追究刑事责任；造成损失的，依法承担赔偿责任：

（一）未对施工组织设计中的安全技术措施或者专项施工方案进行审查的；

（二）发现安全事故隐患未及时要求施工单位整改或者暂时停止施工的；

（三）施工单位拒不整改或者不停止施工，未及时向有关主管部门报告的；

（四）未依照法律、法规和工程建设强制性标准实施监理的。

第五十八条　注册执业人员未执行法律、法规和工程建设强制性标准的，责令停止执业3个月以上1年以下；情节严重的，吊销执业资格证书，5年内不予注册；造成重大安全事故的，终身不予注册；构成犯罪的，依照刑法有关规定追究刑事责任。

第五十九条　违反本条例的规定，为建设工程提供机械设备和配件的单位，未按照安全施工的要求配备齐全有效的保险、限位等安全设施和装置的，责令限期改正，处合同价款1倍以上3倍以下的罚款；造成损失的，依法承担赔偿责任。

第六十条　违反本条例的规定，出租单位出租未经安全性能检测或者经检测不合格的机械设备和施工机具及配件的，责令停业整顿，并处5万元以上10万元以下的罚款；造成损失的，依法承担赔偿责任。

第六十一条　违反本条例的规定，施工起重机械和整体提升脚手架、模板等自升式架设设施安装、拆卸单位有下列行为之一的，责令限期改正，处5万元以上10万元以下的罚款；情节严重的，责令停业整顿，降低资质等级，直至吊销资质证书；造成损失的，依法承担赔偿责任：

（一）未编制拆装方案、制定安全施工措施的；

（二）未由专业技术人员现场监督的；

（三）未出具自检合格证明或者出具虚假证明的；

（四）未向施工单位进行安全使用说明，办理移交手续的。

施工起重机械和整体提升脚手架、模板等自升式架设设施安装、拆卸单位有前款规定的第（一）项、第（三）项行为，经有关部门或者单位职工提出后，对事故隐患仍不采取措施，因而发生重大伤亡事故或者造成其他严重后果，构成犯罪的，对直接责任人员，依照刑法有关规定追究刑事责任。

第六十二条　违反本条例的规定，施工单位有下列行为之一的，责令限期改正；逾期未改正的，责令停业整顿，依照《中华人民共和国安全生产法》的有关规定处以罚款；造成重大安全事故，构成犯罪的，对直接责任人员，依照刑法有关规定追究刑事责任：

（一）未设立安全生产管理机构、配备专职安全生产管理人员或者分部分项工程施工时无专职安全生产管理人员现场监督的；

（二）施工单位的主要负责人、项目负责人、专职安全生产管理人员、作业人员或者特种作业人员，未经安全教育培训或者经考核不合格即从事相关工作的；

（三）未在施工现场的危险部位设置明显的安全警示标志，或者未按照国家有关规定在施工现场设置消防通道、消防水源、配备消防设施和灭火器材的；

（四）未向作业人员提供安全防护用具和安全防护服装的；

（五）未按照规定在施工起重机械和整体提升脚手架、模板等自升式架设设施验收合格后登记的；

（六）使用国家明令淘汰、禁止使用的危及施工安全的工艺、设备、材料的。

第六十三条 违反本条例的规定，施工单位挪用列入建设工程概算的安全生产作业环境及安全施工措施所需费用的，责令限期改正，处挪用费用 20% 以上 50% 以下的罚款；造成损失的，依法承担赔偿责任。

第六十四条 违反本条例的规定，施工单位有下列行为之一的，责令限期改正；逾期未改正的，责令停业整顿，并处 5 万元以上 10 万元以下的罚款；造成重大安全事故，构成犯罪的，对直接责任人员，依照刑法有关规定追究刑事责任：

（一）施工前未对有关安全施工的技术要求作出详细说明的；

（二）未根据不同施工阶段和周围环境及季节、气候的变化，在施工现场采取相应的安全施工措施，或者在城市市区内的建设工程的施工现场未实行封闭围挡的；

（三）在尚未竣工的建筑物内设置员工集体宿舍的；

（四）施工现场临时搭建的建筑物不符合安全使用要求的；

（五）未对因建设工程施工可能造成损害的毗邻建筑物、构筑物和地下管线等采取专项防护措施的。

施工单位有前款规定第（四）项、第（五）项行为，造成损失的，依法承担赔偿责任。

第六十五条 违反本条例的规定，施工单位有下列行为之一的，责令限期改正；逾期未改正的，责令停业整顿，并处 10 万元以上 30 万元以下的罚款；情节严重的，降低资质等级，直至吊销资质证书；造成重大安全事故，构成犯罪的，对直接责任人员，依照刑法有关规定追究刑事责任；造成损失的，依法承担赔偿责任：

（一）安全防护用具、机械设备、施工机具及配件在进入施工现场前未经查验或者查验不合格即投入使用的；

（二）使用未经验收或者验收不合格的施工起重机械和整体提升脚手架、模板等自升式架设设施的；

（三）委托不具有相应资质的单位承担施工现场安装、拆卸施工起重机械和整体提升脚手架、模板等自升式架设设施的；

（四）在施工组织设计中未编制安全技术措施、施工现场临时用电方案或者专项施工方案的。

第六十六条 违反本条例的规定，施工单位的主要负责人、项目负责人未履行安全生产管理职责的，责令限期改正；逾期未改正的，责令施工单位停业整顿；造成重大安全事故、重大伤亡事故或者其他严重后果，构成犯罪的，依照刑法有关规定追究刑事责任。

作业人员不服管理、违反规章制度和操作规程冒险作业造成重大伤亡事故或者其他严重后果，构成犯罪的，依照刑法有关规定追究刑事责任。

施工单位的主要负责人、项目负责人有前款违法行为，尚不够刑事处罚的，处 2 万元以上 20 万元以下的罚款或者按照管理权限给予撤职处分；自刑罚执行完毕或者受处分之日起，5 年内不得担任任何施工单位的主要负责人、项目负责人。

第六十七条　施工单位取得资质证书后，降低安全生产条件的，责令限期改正；经整改仍未达到与其资质等级相适应的安全生产条件的，责令停业整顿，降低其资质等级直至吊销资质证书。

第六十八条　本条例规定的行政处罚，由建设行政主管部门或者其他有关部门依照法定职权决定。

违反消防安全管理规定的行为，由公安消防机构依法处罚。

有关法律、行政法规对建设工程安全生产违法行为的行政处罚决定机关另有规定的，从其规定。

第八章　附　　则

第六十九条　抢险救灾和农民自建低层住宅的安全生产管理，不适用本条例。

第七十条　军事建设工程的安全生产管理，按照中央军事委员会的有关规定执行。

第七十一条　本条例自 2004 年 2 月 1 日起施行。

最高人民法院关于审理建设工程施工合同纠纷案件适用法律问题的解释

（2004年9月29日最高人民法院审判委员会第1327次会议通过
法释［2004］14号　自2005年1月1日起实行）

根据《中华人民共和国民法通则》、《中华人民共和国合同法》、《中华人民共和国招标投标法》、《中华人民共和国民事诉讼法》等法律规定，结合民事审判实际，就审理建设工程施工合同纠纷案件适用法律的问题，制定本解释。

第一条　建设工程施工合同具有下列情形之一的，应当根据《合同法》第五十二条第（五）项的规定，认定无效：

（一）承包人未取得建筑施工企业资质或者超越资质等级的；

（二）没有资质的实际施工人借用有资质的建筑施工企业名义的；

（三）建设工程必须进行招标而未招标或者中标无效的。

第二条　建设工程施工合同无效，但建设工程经竣工验收合格，承包人请求参照合同约定支付工程价款的，应予支持。

第三条　建设工程施工合同无效，且建设工程经竣工验收不合格的，按照以下情形分别处理：

（一）修复后的建设工程经竣工验收合格，发包人请求承包人承担修复费用的，应予支持；

（二）修复后的建设工程经竣工验收不合格，承包人请求支付工程价款的，不予支持。

因建设工程不合格造成的损失，发包人有过错的，也应承担相应的民事责任。

第四条　承包人非法转包、违法分包建设工程或者没有资质的实际施工人借用有资质的建筑施工企业名义与他人签订建设工程施工合同的行为无效。人民法院可以根据民法通则第一百三十四条规定，收缴当事人已经取得的非法所得。

第五条　承包人超越资质等级许可的业务范围签订建设工程施工合同，在建设工程竣工前取得相应资质等级，当事人请求按照无效合同处理的，不予支持。

第六条　当事人对垫资和垫资利息有约定，承包人请求按照约定返还垫资及其利息的，应予支持，但是约定的利息计算标准高于中国人民银行发布的同期同类贷款利率的部分除外。

当事人对垫资没有约定的，按照工程欠款处理。

当事人对垫资利息没有约定，承包人请求支付利息的，不予支持。

第七条　具有劳务作业法定资质的承包人与总承包人、分包人签订的劳务分包合同，当事人以转包建设工程违反法律规定为由请求确认无效的，不予支持。

第八条　承包人具有下列情形之一，发包人请求解除建设工程施工合同的，应予支持：

（一）明确表示或者以行为表明不履行合同主要义务的；

（二）合同约定的期限内没有完工，且在发包人催告的合理期限内仍未完工的；

（三）已经完成的建设工程质量不合格，并拒绝修复的；

（四）将承包的建设工程非法转包、违法分包的。

第九条　发包人具有下列情形之一，致使承包人无法施工，且在催告的合理期限内仍未履行相应义务，承包人请求解除建设工程施工合同的，应予支持：

（一）未按约定支付工程价款的；

（二）提供的主要建筑材料、建筑构配件和设备不符合强制性标准的；

（三）不履行合同约定的协助义务的。

第十条　建设工程施工合同解除后，已经完成的建设工程质量合格的，发包人应当按照约定支付相应的工程价款；已经完成的建设工程质量不合格的，参照本解释第三条规定处理。

因一方违约导致合同解除的，违约方应当赔偿因此而给对方造成的损失。

第十一条　因承包人的过错造成建设工程质量不符合约定，承包人拒绝修理、返工或者改建，发包人请求减少支付工程价款的，应予支持。

第十二条　发包人具有下列情形之一，造成建设工程质量缺陷，应当承担过错责任：

（一）提供的设计有缺陷；

（二）提供或者指定购买的建筑材料、建筑构配件、设备不符合强制性标准；

（三）直接指定分包人分包专业工程。

承包人有过错的，也应当承担相应的过错责任。

第十三条　建设工程未经竣工验收，发包人擅自使用后，又以使用部分质量不符合约定为由主张权利的，不予支持；但是承包人应当在建设工程的合理使用寿命内对地基基础工程和主体结构质量承担民事责任。

第十四条　当事人对建设工程实际竣工日期有争议的，按照以下情形分别处理：

（一）建设工程经竣工验收合格的，以竣工验收合格之日为竣工日期；

（二）承包人已经提交竣工验收报告，发包人拖延验收的，以承包人提交验收报告之日为竣工日期；

（三）建设工程未经竣工验收，发包人擅自使用的，以转移占有建设工程之日为竣工日期。

第十五条　建设工程竣工前，当事人对工程质量发生争议，工程质量经鉴定合格的，鉴定期间为顺延工期期间。

第十六条　当事人对建设工程的计价标准或者计价方法有约定的，按照约定结算工程价款。

因设计变更导致建设工程的工程量或者质量标准发生变化，当事人对该部分工程价款不能协商一致的，可以参照签订建设工程施工合同时当地建设行政主管部门发布的计价方法或者计价标准结算工程价款。

建设工程施工合同有效，但建设工程经竣工验收不合格的，工程价款结算参照本解释第三条规定处理。

第十七条 当事人对欠付工程价款利息计付标准有约定的，按照约定处理；没有约定的，按照中国人民银行发布的同期同类贷款利率计息。

第十八条 利息从应付工程价款之日计付。当事人对付款时间没有约定或者约定不明的，下列时间视为应付款时间：

（一）建设工程已实际交付的，为交付之日；

（二）建设工程没有交付的，为提交竣工结算文件之日；

（三）建设工程未交付，工程价款也未结算的，为当事人起诉之日。

第十九条 当事人对工程量有争议的，按照施工过程中形成的签证等书面文件确认。承包人能够证明发包人同意其施工，但未能提供签证文件证明工程量发生的，可以按照当事人提供的其他证据确认实际发生的工程量。

第二十条 当事人约定，发包人收到竣工结算文件后，在约定期限内不予答复，视为认可竣工结算文件的，按照约定处理。承包人请求按照竣工结算文件结算工程价款的，应予支持。

第二十一条 当事人就同一建设工程另行订立的建设工程施工合同与经过备案的中标合同实质性内容不一致的，应当以备案的中标合同作为结算工程价款的根据。

第二十二条 当事人约定按照固定价结算工程价款，一方当事人请求对建设工程造价进行鉴定的，不予支持。

第二十三条 当事人对部分案件事实有争议的，仅对有争议的事实进行鉴定，但争议事实范围不能确定，或者双方当事人请求对全部事实鉴定的除外。

第二十四条 建设工程施工合同纠纷以施工行为地为合同履行地。

第二十五条 因建设工程质量发生争议的，发包人可以以总承包人、分包人和实际施工人为共同被告提起诉讼。

第二十六条 实际施工人以转包人、违法分包人为被告起诉的，人民法院应当依法受理。

实际施工人以发包人为被告主张权利的，人民法院可以追加转包人或者违法分包人为本案当事人。发包人只在欠付工程价款范围内对实际施工人承担责任。

第二十七条 因保修人未及时履行保修义务，导致建筑物毁损或者造成人身、财产损害的，保修人应当承担赔偿责任。

保修人与建筑物所有人或者发包人对建筑物毁损均有过错的，各自承担相应的责任。

第二十八条 本解释自2005年1月1日起施行。

施行后受理的第一审案件适用本解释。

施行前最高人民法院发布的司法解释与本解释相抵触的，以本解释为准。

国家发展改革委、建设部关于印发《建设工程监理与相关服务收费管理规定》的通知

（发改价格［2007］670号　2007年5月1日起施行）

国务院有关部门，各省、自治区、直辖市发展改革委、物价局、建设厅（委）：

为规范建设工程监理及相关服务收费行为，维护委托双方合法权益，促进工程监理行业健康发展，我们制定了《建设工程监理与相关服务收费管理规定》，现印发给你们，自2007年5月1日起执行。原国家物价局、建设部下发的《关于发布工程建设监理费有关规定的通知》（［1992］价费字479号）自本规定生效之日起废止。

附　建设工程监理与相关服务收费管理规定

国家发展改革委　　建设部

2007年3月30日

附

建设工程监理与相关服务收费管理规定

第一条 为规范建设工程监理与相关服务收费行为，维护发包人和监理人的合法权益，根据《中华人民共和国价格法》及有关法律、法规，制定本规定。

第二条 建设工程监理与相关服务，应当遵循公开、公平、公正、自愿和诚实信用的原则。依法须招标的建设工程，应通过招标方式确定监理人。监理服务招标应优先考虑监理单位的资信程度、监理方案的优劣等技术因素。

第三条 发包人和监理人应当遵守国家有关价格法律法规的规定，接受政府价格主管部门的监督、管理。

第四条 建设工程监理与相关服务收费根据建设项目性质不同情况，分别实行政府指导价或市场调节价。依法必须实行监理的建设工程施工阶段的监理收费实行政府指导价；其他建设工程施工阶段的监理收费和其他阶段的监理与相关服务收费实行市场调节价。

第五条 实行政府指导价的建设工程施工阶段监理收费，其基准价根据《建设工程监理与相关服务收费标准》计算，浮动幅度为上下 2 0%。发包人和监理人应当根据建设工程的实际情况在规定的浮动幅度内协商确定收费额。实行市场调节价的建设工程监理与相关服务收费，由发包人和监理人协商确定收费额。

第六条 建设工程监理与相关服务收费，应当体现优质优价的原则。在保证工程质量的前提下，由于监理人提供的监理与相关服务节省投资，缩短工期，取得显著经济效益的，发包人可根据合同约定奖励监理人。

第七条 监理人应当按照《关于商品和服务实行明码标价的规定》，告知发包人有关服务项目、服务内容、服务质量、收费依据，以及收费标准。

第八条 建设工程监理与相关服务的内容、质量要求和相应的收费金额以及支付方式，由发包人和监理人在监理与相关服务合同中约定。

第九条 监理人提供的监理与相关服务．应当符合国家有关法律、法规和标准规范，满足合同约定的服务内容和质量等要求。监理人不得违反标准规范规定或合同约定，通过降低服务质量、减少服务内容等手段进行恶性竞争，扰乱正常市场秩序。

第十条 由于非监理人原因造成建设工程监理与相关服务工作量增加或减少的，发包人应当按合同约定与监理人协商另行支付或扣减相应的监理与相关服务费用。

第十一条 由于监理人原因造成监理与相关服务工作量增加的，发包人不另行支付监理与相关服务费用。

监理人提供的监理与相关服务不符合国家有关法律、法规和标准规范的，提供的监理服务人员、执业水平和服务时间未达到监理工作要求的，不能满足合同约定的服务内容和质量等要求的，发包人可按合同约定扣减相应的监理与相关服务费用。

由于监理人工作失误给发包人造成经济损失的，监理人应当按照合同约定依法承担相应赔偿责任。

第十二条　违反本规定和国家有关价格法律、法规规定的，由政府价格主管部门依据《中华人民共和国价格法》、《价格违法行为行政处罚规定》予以处罚。

第十三条　本规定及所附《建设工程监理与相关服务收费标准》，由国家发展改革委会同建设部负责解释。

第十四条　本规定自2007年5月1日起施行，规定生效之日前已签订服务合同及在建项目的相关收费不再调整。原国家物价局与建设部联合发布的《关于发布工程建设监理费有关规定的通知》（［1992］价费字479号）同时废止。国务院有关部门及各地制定的相关规定与本规定相抵触的，以本规定为准。

附件　建设工程监理与相关服务收费标准

附件

建设工程监理与相关服务收费标准（节选）

总则

1.0.1　建设工程监理与相关服务是指监理人接受发包人的委托，提供建设工程施工阶段的质量、进度、费用控制管理和安全生产监督管理、合同、信息等方面协调管理服务，以及勘察、设计、保修等阶段的相关服务。各阶段的工作内容见《建设工程监理与相关服务的主要工作内容》（附表一）。

1.0.2　建设工程监理与相关服务收费包括建设工程施工阶段的工程监理（以下简称“施工监理”）服务收费和勘察、设计、保修等阶段的相关服务（以下简称“其他阶段的相关服务”）收费。

1.0.3　铁路、水运、公路、水电、水库工程的施工监理服务收费按建筑安装工程费分档定额计费方式计算收费。其他工程的施工监理服务收费按照建设项目工程概算投资额分档定额计费方式计算收费。

1.0.4　其他阶段的相关服务收费一般按相关服务工作所需工日和《建设工程监理与相关服务人员人工日费用标准》（附表四）收费。

1.0.5　施工监理服务收费按照下列公式计算：

（1）施工监理服务收费 = 施工监理服务收费基准价 ×（1 ± 浮动幅度值）

（2）施工监理服务收费基准价 = 施工监理服务收费基价 × 专业调整系数 × 工程复杂程度调整系数 × 高程调整系数

1.0.6　施工监理服务收费基价

施工监理服务收费基价是完成国家法律法规、规范规定的旋工阶段监理基本服务内容的价格。施工监理服务收费基价按《施工监理服务收费基价表》（附表二）确定，计费额处于两个数值区间的，采用直线内插法确定施工监理服务收费基价。

1.0.7　施工监理服务收费基准价

施工监理服务收费基准价是按照本收费标准规定的基价和 1.0.5（2）计算出的施工监理服务基准收费额。发包人与监理人根据项目的实际情况，在规定的浮动幅度范围内协商确定施工监理服务收费合同额。

1.0.8　施工监理服务收费的计费额

施工监理服务收费以建设项目工程概算投资额分档定额计费方式收费的，其计费额为工程概算中的建筑安装工程费、设备购置费和联合试运转费之和，即工程概算投资额。对设备购置费和联合试运转费占工程概算投资额 4 0% 以上的工程项目，其建筑

安装工程费全部计入计费额，设备购置费和联合试运转费按 40% 的比例计入计费额。但其计费额不应小于建筑安装工程费与其相同且设备购置费和联合试运转费等于工

程概算投资额40%的工程项目的计费额。

工程中有利用原有设备并进行安装调试服务的，以签订工程监理合同时同类设备的当期价格作为施工监理服务收费的计费额；工程中有缓配设备的，应扣除签订工程监理合同时同类设备的当期价格作为施工监理服务收费的计费额；工程中有引进设备

的，按照购进设备的离岸价格折换成人民币作为施工监理服务收费的计费额。

施工监理服务收费以建筑安装工程费分档定额计费方式收费的，其计费额为工程概算中的建筑安装工程费。

作为施工监理服务收费计费额的建设项目工程概算投资额或建筑安装工程费均指每个监理合同中约定的工程项目范围的计费额。

1.0.9　施工监理服务收费调整系数

施工监理服务收费调整系数包括：专业调整系数、工程复杂程度调整系数和高程调整系数。

（1）专业调整系数是对不同专业建设工程的施工监理工作复杂程度和工作量差异进行调整的系数。计算施工监理服务收费时，专业调整系数在《施工监理服务收费专业调整系数表》（附表三）中查找确定。

（2）工程复杂程度调整系数是对同一专业建设工程的施工监理复杂程度和工作量差异进行调整的系数。工程复杂程度分为一般、较复杂和复杂三个等级，其调整系数分别为：一般（1级）0.85；较复杂（11级）1.0；复杂（Ⅲ级）1.15。计算施工监理服务收费时，工程复杂程度在相应章节的《工程复杂程度表》中查找确定。

（3）高程调整系数如下：

海拔高程2001m以下的为1；

海拔高程2001～3000m为1.1；

海拔高程3001～3500m为1.2；

海拔高程3501～4000m为1.3；

海拔高程4001m以上的，高程调整系数由发包人和监理人协商确定。

1.0.10　发包人将施工监理服务中的某一部分工作单独发包给监理人，按照其占施工监理服务工作量的比例计算施工监理服务收费，其中质量控制和安全生产监督管理服务收费不宜低于施工监理服务收费额的70%。

1.0.11　建设工程项目施工监理服务由两个或者两个以上监理人承担的，各监理人按照其占施工监理服务工作量的比例计算施工监理服务收费。发包人委托其中一个监理人对建设工程项目施工监理服务总负责的，该监理人按照各监理人合计监理服务收费额的4%～6%向发包人收取总体协调费。

1.0.12　本收费标准不包括本总则1.0.1以外的其他服务收费。其他服务收费，国家有规定的，从其规定；国家没有规定的，由发包人与监理人协商确定。

国家发展改革委关于降低部分建设项目收费标准规范收费行为等有关问题的通知

（发改价格［2011］534号）

住房城乡建设部、环境保护部，各省、自治区、直辖市发展改革委、物价局：

为贯彻落实国务院领导重要批示和全国纠风工作会议精神，进一步优化企业发展环境，减轻企业和群众负担，决定适当降低部分建设项目收费标准，规范收费行为。现将有关事项通知如下：

一、降低保障性住房转让手续费，减免保障性住房租赁手续费。经批准设立的各房屋交易登记机构在办理房屋交易手续时，限价商品住房、棚户区改造安置住房等保障性住房转让手续费应在原国家计委、建设部《关于规范住房交易手续费有关问题的通知》（计价格［2002］121号）规定收费标准的基础上减半收取，即执行与经济适用住房相同的收费标准；因继承、遗赠、婚姻关系共有发生的住房转让免收住房转让手续费；依法进行的廉租住房、公共租赁住房等保障性住房租赁行为免收租赁手续费；住房抵押不得收取抵押手续费。

二、规范并降低施工图设计文件审查费。各地应加强施工图设计审查收费管理，经认定设立的施工图审查机构，承接房屋建筑、市政基础设施工程施工图审查业务收取施工图设计文件审查费，以工程勘察设计收费为基准计费的，其收费标准应不高于工程勘察设计收费标准的6.5%；以工程概（预）算投资额比率计费的，其收费标准应不高于工程概（预）算投资额的2‰；按照建筑面积计费的，其收费标准应不高于2元/平方米。具体收费标准由各省、自治区、直辖市价格主管部门结合当地实际情况，在不高于上述上限的范围内确定。各地现行收费标准低于收费上限的，一律不得提高标准。

三、降低部分行业建设项目环境影响咨询收费标准。各环境影响评价机构对估算投资额100亿元以下的农业、林业、渔业、水利、建材、市政（不含垃圾及危险废物集中处置）、房地产、仓储（涉及有毒、有害及危险品的除外）、烟草、邮电、广播电视、电子配件组装、社会事业与服务建设项目的环境影响评价（编制环境影响报告书、报告表）收费，应在原国家计委、国家环保总局《关于规范环境影响咨询收费有关问题的通知》（计价格［2002］125号）规定的收费标准基础上下调20%收取；上述行业以外的化工、冶金、有色等其他建设项目的环境影响评价收费维持现行标准不变。环境影响评价收费标准中不包括获取相关经济、社会、水文、气象、环境现状等基础数据的费用。

四、降低中标金额在5亿元以上招标代理服务收费标准，并设置收费上限。货物、服务、工程招标代理服务收费差额费率：中标金额在5~10亿元的为0.035%；10~50亿元的为0.008%；50~100亿元为0.006%；100亿元以上为0.004%。货物、服务、工程一次招标（完成一次招标投标全流程）代理服务费最高限额分别为350万元、300万元和450万元，并按各标段中标金额比例计算各标段招标代理服务费。

中标金额在5亿元以下的招标代理服务收费基准价仍按原国家计委《招标代理服

务收费管理暂行办法》（计价格［2002］1980号，以下简称《办法》）附件规定执行。按《办法》附件规定计算的收费额为招标代理服务全过程的收费基准价格，但不含工程量清单、工程标底或工程招标控制价的编制费用。

五、适当扩大工程勘察设计和工程监理收费的市场调节价范围。工程勘察和工程设计收费，总投资估算额在1000万元以下的建设项目实行市场调节价；1000万元及以上的建设项目实行政府指导价，收费标准仍按原国家计委、建设部《关于发布〈工程勘察设计收费管理规定〉的通知》（计价格［2002］10号）规定执行。

工程监理收费，对依法必须实行监理的计费额在1000万元及以上的建设工程施工阶段的收费实行政府指导价，收费标准按国家发展改革委、建设部《关于印发〈建设工程监理与相关服务收费管理规定〉的通知》（发改价格［2007］670号）规定执行；其他工程施工阶段的监理收费和其他阶段的监理与相关服务收费实行市场调节价。

六、各地应进一步加大对建设项目及各类涉房收费项目的清理规范力度。要严禁行政机关在履行行政职责过程中，擅自或变相收取相关审查费、服务费，对自愿或依法必须进行的技术服务，应由项目开发经营单位自主选择服务机构，相关机构不得利用行政权力强制或变相强制项目开发经营单位接受指定服务并强制收取费用。

本通知自2011年5月1日起执行。现行有关规定与本通知不符的，按本通知规定执行。

国家发展改革委

2011年3月16日

《标准施工招标资格预审文件》和《标准施工招标文件》试行规定

（2007 年 11 月 1 日国家发展和改革委员会、财政部、建设部、铁道部、交通部、信息产业部、水利部、民航总局、广电总局　第 56 号

2008 年 5 月 1 日起施行）

第一条　为了规范施工招标资格预审文件、招标文件编制活动，提高资格预审文件、招标文件编制质量，促进招标投标活动的公开、公平和公正，国家发展和改革委员会、财政部、建设部、铁道部、交通部、信息产业部、水利部、民用航空总局、广播电影电视总局联合编制了《标准施工招标资格预审文件》和《标准施工招标文件》（以下如无特别说明，统一简称为《标准文件》）。

第二条　本《标准文件》在政府投资项目中试行。国务院有关部门和地方人民政府有关部门可选择若干政府投资项目作为试点，由试点项目招标人按本规定使用《标准文件》。

第三条　国务院有关行业主管部门可根据《标准施工招标文件》并结合本行业施工招标特点和管理需要，编制行业标准施工招标文件。行业标准施工招标文件重点对“专用合同条款”、“工程量清单”、“图纸”、“技术标准和要求”作出具体规定。

第四条　试点项目招标人应根据《标准文件》和行业标准施工招标文件（如有），结合招标项目具体特点和实际需要，按照公开、公平、公正和诚实信用原则编写施工招标资格预审文件或施工招标文件。

第五条　行业标准施工招标文件和试点项目招标人编制的施工招标资格预审文件、施工招标文件，应不加修改地引用《标准施工招标资格预审文件》中的“申请人须知”（申请人须知前附表除外）、“资格审查办法”（资格审查办法前附表除外），以及《标准施工招标文件》中的“投标人须知”（投标人须知前附表和其他附表除外）、“评标办法”（评标办法前附表除外）、“通用合同条款”。

《标准文件》中的其他内容，供招标人参考。

第六条　行业标准施工招标文件中的“专用合同条款”可对《标准施工招标文件》中的“通用合同条款”进行补充、细化，除“通用合同条款”明确“专用合同条款”可作出不同约定外，补充和细化的内容不得与“通用合同条款”强制性规定相抵触，否则抵触内容无效。

第七条　“申请人须知前附表”和“投标人须知前附表”用于进一步明确“申请人须知”和“投标人须知”正文中的未尽事宜，试点项目招标人应结合招标项目具体特点和实际需要编制和填写，但不得与“申请人须知”和“投标人须知”正文内容相抵触，否则抵触内容无效。

第八条　“资格审查办法前附表”和“评标办法前附表”用于明确资格审查和评标的方法、因素、标准和程序。试点项目招标人应根据招标项目具体特点和实际需要，

详细列明全部审查或评审因素、标准，没有列明的因素和标准不得作为资格审查或评标的依据。

第九条　试点项目招标人编制招标文件中的“专用合同条款”可根据招标项目的具体特点和实际需要，对《标准施工招标文件》中的“通用合同条款”进行补充、细化和修改，但不得违反法律、行政法规的强制性规定和平等、自愿、公平和诚实信用原则。

第十条　试点项目招标人编制的资格预审文件和招标文件不得违反公开、公平、公正、平等、自愿和诚实信用原则。

第十一条　国务院有关部门和地方人民政府有关部门应加强对试点项目招标人使用《标准文件》的指导和监督检查，及时总结经验和发现问题。

第十二条　在试行过程中需要就如何适用《标准文件》中不加修改地引用的内容作出解释的，按照国务院和地方人民政府部门职责分工，分别由选择试点的部门负责。

第十三条　因出现新情况，需要对《标准文件》中不加修改地引用的内容作出解释或调整的，由国家发展和改革委员会会同国务院有关部门作出解释或调整。该解释和调整与《标准文件》具有同等效力。

第十四条　省级以上人民政府有关部门可以根据本规定并结合实际，对试点项目范围、试点项目招标人使用《标准文件》及行业标准施工招标文件作进一步要求。

第十五条　《标准文件》作为本规定的附件，与本规定同时发布。本规定与《标准文件》自2008年5月1日起试行。

附件：一、《中华人民共和国标准施工招标资格预审文件》（2007年版）（略）

二、《中华人民共和国标准施工招标文件》（2007年版）（节选）

附件二

中华人民共和国标准施工招标文件（节选）

（2007 年版）

第一卷

第二章　投标人须知

1.4.3　投标人不得存在下列情形之一：

（1）为招标人不具有独立法人资格的附属机构（单位）；

（2）为本标段前期准备提供设计或咨询服务的，但设计施工总承包的除外；

（3）为本标段的监理人；

（4）为本标段的代建人；

（5）为本标段提供招标代理服务的；

（6）与本标段的监理人或代建人或招标代理机构同为一个法定代表人的；

（7）与本标段的监理人或代建人或招标代理机构相互控股或参股的；

（8）与本标段的监理人或代建人或招标代理机构相互任职或工作的；

（9）被责令停业的；

（10）被暂停或取消投标资格的；

（11）财产被接管或冻结的；

（12）在最近三年内有骗取中标或严重违约或重大工程质量问题的。

第四章　合同条款及格式

第一节　通用合同条款

1.1.2.6　监理人：指在专用合同条款中指明的，受发包人委托对合同履行实施管理的法人或其他组织。

1.1.2.7　总监理工程师（总监）：指由监理人委派常驻施工场地对合同履行实施管理的全权负责人。

1.1.4　日期

1.1.4.1　开工通知：指监理人按第 11.1 款通知承包人开工的函件。

1.1.4.2　开工日期：指监理人按第 11.1 款发出的开工通知中写明的开工日期。

1.6.1　图纸的提供

除专用合同条款另有约定外，图纸应在合理的期限内按照合同约定的数量提供给承包人。由于发包人未按时提供图纸造成工期延误的，按第 11.3 款的约定办理。

1.6.2　承包人提供的文件

按专用合同条款约定由承包人提供的文件，包括部分工程的大样图、加工图等，承包人应按约定的数量和期限报送监理人。监理人应在专用合同条款约定的期限内批复。

1.6.3　图纸的修改

图纸需要修改和补充的，应由监理人取得发包人同意后，在该工程或工程相应部位施工前的合理期限内签发图纸修改图给承包人，具体签发期限在专用合同条款中约定。承包人应按修改后的图纸施工。

1.6.4　图纸的错误

承包人发现发包人提供的图纸存在明显错误或疏忽，应及时通知监理人。

1.6.5　图纸和承包人文件的保管

监理人和承包人均应在施工场地各保存一套完整的包含第1.6.1项、第1.6.2项、第1.6.3项约定内容的图纸和承包人文件。

1.10　化石、文物

1.10.1　在施工场地发掘的所有文物、古迹以及具有地质研究或考古价值的其他遗迹、化石、钱币或物品属于国家所有。一旦发现上述文物，承包人应采取有效合理的保护措施，防止任何人员移动或损坏上述物品，并立即报告当地文物行政部门，同时通知监理人。发包人、监理人和承包人应按文物行政部门要求采取妥善保护措施，由此导致费用增加和（或）工期延误由发包人承担。

1.11　专利技术

1.11.1　承包人在使用任何材料、承包人设备、工程设备或采用施工工艺时，因侵犯专利权或其他知识产权所引起的责任，由承包人承担，但由于遵照发包人提供的设计或技术标准和要求引起的除外。

1.11.2　承包人在投标文件中采用专利技术的，专利技术的使用费包含在投标报价内。

1.11.3　承包人的技术秘密和声明需要保密的资料和信息，发包人和监理人不得为合同以外的目的泄露给他人。

1.12　图纸和文件的保密

1.12.1　发包人提供的图纸和文件，未经发包人同意，承包人不得为合同以外的目的泄露给他人或公开发表与引用。

1.12.2　承包人提供的文件，未经承包人同意，发包人和监理人不得为合同以外的目的泄露给他人或公开发表与引用。

2　发包人义务

2.1　遵守法律

发包人在履行合同过程中应遵守法律，并保证承包人免于承担因发包人违反法律而引起的任何责任。

2.2　发出开工通知

发包人应委托监理人按第11.1款的约定向承包人发出开工通知。

3　监理人

3.1　监理人的职责和权力

3.1.1　监理人受发包人委托，享有合同约定的权力。监理人在行使某项权力前需要经发包人事先批准而通用合同条款没有指明的，应在专用合同条款中指明。

3.1.2 监理人发出的任何指示应视为已得到发包人的批准，但监理人无权免除或变更合同约定的发包人和承包人的权利、义务和责任。

3.1.3 合同约定应由承包人承担的义务和责任，不因监理人对承包人提交文件的审查或批准，对工程、材料和设备的检查和检验，以及为实施监理作出的指示等职务行为而减轻或解除。

3.2 总监理工程师

发包人应在发出开工通知前将总监理工程师的任命通知承包人。总监理工程师更换时，应在调离14天前通知承包人。总监理工程师短期离开施工场地的，应委派代表代行其职责，并通知承包人。

3.3 监理人员

3.3.1 总监理工程师可以授权其他监理人员负责执行其指派的一项或多项监理工作。总监理工程师应将被授权监理人员的姓名及其授权范围通知承包人。被授权的监理人员在授权范围内发出的指示视为已得到总监理工程师的同意，与总监理工程师发出的指示具有同等效力。总监理工程师撤销某项授权时，应将撤销授权的决定及时通知承包人。

3.3.2 监理人员对承包人的任何工作、工程或其采用的材料和工程设备未在约定的或合理的期限内提出否定意见的，视为已获批准，但不影响监理人在以后拒绝该项工作、工程、材料或工程设备的权利。

3.3.3 承包人对总监理工程师授权的监理人员发出的指示有疑问的，可向总监理工程师提出书面异议，总监理工程师应在48小时内对该指示予以确认、更改或撤销。

3.3.4 除专用合同条款另有约定外，总监理工程师不应将第3.5款约定应由总监理工程师作出确定的权力授权或委托给其他监理人员。

3.4 监理人的指示

3.4.1 监理人应按第3.1款的约定向承包人发出指示，监理人的指示应盖有监理人授权的施工场地机构章，并由总监理工程师或总监理工程师按第3.3.1 项约定授权的监理人员签字。

3.4.2 承包人收到监理人按第3.4.1项作出的指示后应遵照执行。指示构成变更的，应按第15条处理。

3.4.3 在紧急情况下，总监理工程师或被授权的监理人员可以当场签发临时书面指示，承包人应遵照执行。承包人应在收到上述临时书面指示后24小时内，向监理人发出书面确认函。监理人在收到书面确认函后24小时内未予答复的，该书面确认函应被视为监理人的正式指示。

3.4.4 除合同另有约定外，承包人只从总监理工程师或按第3.3.1项被授权的监理人员处取得指示。

3.4.5 由于监理人未能按合同约定发出指示、指示延误或指示错误而导致承包人费用增加和（或）工期延误的，由发包人承担赔偿责任。

3.5 商定或确定

3.5.1 合同约定总监理工程师应按照本款对任何事项进行商定或确定时，总监理工程师应与合同当事人协商，尽量达成一致。不能达成一致的，总监理工程师应认真研究后审慎确定。

3.5.2　总监理工程师应将商定或确定的事项通知合同当事人，并附详细依据。对总监理工程师的确定有异议的，构成争议，按照第24条的约定处理。在争议解决前，双方应暂按总监理工程师的确定执行，按照第24条的约定对总监理工程师的确定作出修改的，按修改后的结果执行。

4.1　承包人的一般义务

4.1.3　完成各项承包工作

承包人应按合同约定以及监理人根据第3.4款作出的指示，实施、完成全部工程，并修补工程中的任何缺陷。除专用合同条款另有约定外，承包人应提供为完成合同工作所需的劳务、材料、施工设备、工程设备和其他物品，并按合同约定负责临时设施的设计、建造、运行、维护、管理和拆除。

4.1.8　为他人提供方便

承包人应按监理人的指示为他人在施工场地或附近实施与工程有关的其他各项工作提供可能的条件。除合同另有约定外，提供有关条件的内容和可能发生的费用，由监理人按第3.5款商定或确定。

4.3　分包

4.3.1　承包人不得将其承包的全部工程转包给第三人，或将其承包的全部工程肢解后以分包的名义转包给第三人。

4.3.2　承包人不得将工程主体、关键性工作分包给第三人。除专用合同条款另有约定外，未经发包人同意，承包人不得将工程的其他部分或工作分包给第三人。

4.3.3　分包人的资格能力应与其分包工程的标准和规模相适应。

4.3.4　按投标函附录约定分包工程的，承包人应向发包人和监理人提交分包合同副本。

4.3.5　承包人应与分包人就分包工程向发包人承担连带责任。

4.4　联合体

4.4.1　联合体各方应共同与发包人签订合同协议书。联合体各方应为履行合同承担连带责任。

4.4.2　联合体协议经发包人确认后作为合同附件。在履行合同过程中，未经发包人同意，不得修改联合体协议。

4.4.3　联合体牵头人负责与发包人和监理人联系，并接受指示，负责组织联合体各成员全面履行合同。

4.5　承包人项目经理

4.5.1　承包人应按合同约定指派项目经理，并在约定的期限内到职。承包人更换项目经理应事先征得发包人同意，并应在更换14天前通知发包人和监理人。承包人项目经理短期离开施工场地，应事先征得监理人同意，并委派代表代行其职责。

4.5.2　承包人项目经理应按合同约定以及监理人按第3.4款作出的指示，负责组织合同工程的实施。在情况紧急且无法与监理人取得联系时，可采取保证工程和人员生命财产安全的紧急措施，并在采取措施后24小时内向监理人提交书面报告。

4.5.3 承包人为履行合同发出的一切函件均应盖有承包人授权的施工场地管理机构章，并由承包人项目经理或其授权代表签字。

4.5.4 承包人项目经理可以授权其下属人员履行其某项职责，但事先应将这些人员的姓名和授权范围通知监理人。

4.6 承包人人员的管理

4.6.1 承包人应在接到开工通知后28天内，向监理人提交承包人在施工场地的管理机构以及人员安排的报告，其内容应包括管理机构的设置、各主要岗位的技术和管理人员名单及其资格，以及各工种技术工人的安排状况。承包人应向监理人提交施工场地人员变动情况的报告。

4.6.2 为完成合同约定的各项工作，承包人应向施工场地派遣或雇佣足够数量的下列人员：

（1）具有相应资格的专业技工和合格的普工；

（2）具有相应施工经验的技术人员；

（3）具有相应岗位资格的各级管理人员。

4.6.3 承包人安排在施工场地的主要管理人员和技术骨干应相对稳定。承包人更换主要管理人员和技术骨干时，应取得监理人的同意。

4.6.4 特殊岗位的工作人员均应持有相应的资格证明，监理人有权随时检查。监理人认为有必要时，可进行现场考核。

4.7 撤换承包人项目经理和其他人员

承包人应对其项目经理和其他人员进行有效管理。监理人要求撤换不能胜任本职工作、行为不端或玩忽职守的承包人项目经理和其他人员的，承包人应予以撤换。

4.11 不利物质条件

4.11.1 不利物质条件，除专用合同条款另有约定外，是指承包人在施工场地遇到的不可预见的自然物质条件、非自然的物质障碍和污染物，包括地下和水文条件，但不包括气候条件。

4.11.2 承包人遇到不利物质条件时，应采取适应不利物质条件的合理措施继续施工，并及时通知监理人。监理人应当及时发出指示，指示构成变更的，按第15条约定办理。监理人没有发出指示的，承包人因采取合理措施而增加的费用和（或）工期延误，由发包人承担。

5 材料和工程设备

5.1 承包人提供的材料和工程设备

5.1.1 除专用合同条款另有约定外，承包人提供的材料和工程设备均由承包人负责采购、运输和保管。承包人应对其采购的材料和工程设备负责。

5.1.2 承包人应按专用合同条款的约定，将各项材料和工程设备的供货人及品种、规格、数量和供货时间等报送监理人审批。承包人应向监理人提交其负责提供的材料和工程设备的质量证明文件，并满足合同约定的质量标准。

5.1.3 对承包人提供的材料和工程设备，承包人应会同监理人进行检验和交货验收，查验材料合格证明和产品合格证书，并按合同约定和监理人指示，进行材料的抽样检验和工程设备的检验测试，检验和测试结果应提交监理人，所需费用由承包人承担。

5.2　发包人提供的材料和工程设备

5.2.1　发包人提供的材料和工程设备，应在专用合同条款中写明材料和工程设备的名称、规格、数量、价格、交货方式、交货地点和计划交货日期等。

5.2.2　承包人应根据合同进度计划的安排，向监理人报送要求发包人交货的日期计划。发包人应按照监理人与合同双方当事人商定的交货日期，向承包人提交材料和工程设备。

5.2.3　发包人应在材料和工程设备到货7天前通知承包人，承包人应会同监理人在约定的时间内，赴交货地点共同进行验收。除专用合同条款另有约定外，发包人提供的材料和工程设备验收后，由承包人负责接收、运输和保管。

5.2.4　发包人要求向承包人提前交货的，承包人不得拒绝，但发包人应承担承包人由此增加的费用。

5.2.5　承包人要求更改交货日期或地点的，应事先报请监理人批准。由于承包人要求更改交货时间或地点所增加的费用和（或）工期延误由承包人承担。

5.3　材料和工程设备专用于合同工程

5.3.1 运入施工场地的材料、工程设备，包括备品备件、安装专用工器具与随机资料，必须专用于合同工程，未经监理人同意，承包人不得运出施工场地或挪作他用。

5.3.2　随同工程设备运入施工场地的备品备件、专用工器具与随机资料，应由承包人会同监理人按供货人的装箱单清点后共同封存，未经监理人同意不得启用。承包人因合同工作需要使用上述物品时，应向监理人提出申请。

5.4　禁止使用不合格的材料和工程设备

5.4.1　监理人有权拒绝承包人提供的不合格材料或工程设备，并要求承包人立即进行更换。监理人应在更换后再次进行检查和检验，由此增加的费用和（或）工期延误由承包人承担。

5.4.2　监理人发现承包人使用了不合格的材料和工程设备，应即时发出指示要求承包人立即改正，并禁止在工程中继续使用不合格的材料和工程设备。

5.4.3　发包人提供的材料或工程设备不符合合同要求的，承包人有权拒绝，并可要求发包人更换，由此增加的费用和（或）工期延误由发包人承担。

6　施工设备和临时设施

6.1　承包人提供的施工设备和临时设施

6.1.1　承包人应按合同进度计划的要求，及时配置施工设备和修建临时设施。进入施工场地的承包人设备需经监理人核查后才能投入使用。承包人更换合同约定的承包人设备的，应报监理人批准。

6.1.2　除专用合同条款另有约定外，承包人应自行承担修建临时设施的费用，需要临时占地的，应由发包人办理申请手续并承担相应费用。

6.2　发包人提供的施工设备和临时设施

发包人提供的施工设备或临时设施在专用合同条款中约定。

6.3　要求承包人增加或更换施工设备

承包人使用的施工设备不能满足合同进度计划和（或）质量要求时，监理人有权要求承包人增加或更换施工设备，承包人应及时增加或更换，由此增加的费用和（或）工期延误由承包人承担。

6.4　施工设备和临时设施专用于合同工程

6.4.1　除合同另有约定外，运入施工场地的所有施工设备以及在施工场地建设的临时设施应专用于合同工程。未经监理人同意，不得将上述施工设备和临时设施中的任何部分运出施工场地或挪作他用。

6.4.2　经监理人同意，承包人可根据合同进度计划撤走闲置的施工设备。

7.2　场内施工道路

7.2.1　除专用合同条款另有约定外，承包人应负责修建、维修、养护和管理施工所需的临时道路和交通设施，包括维修、养护和管理发包人提供的道路和交通设施，并承担相应费用。

7.2.2　除专用合同条款另有约定外，承包人修建的临时道路和交通设施应免费提供发包人和监理人使用。

8　测量放线

8.1　施工控制网

8.1.1　发包人应在专用合同条款约定的期限内，通过监理人向承包人提供测量基准点、基准线和水准点及其书面资料。除专用合同条款另有约定外，承包人应根据国家测绘基准、测绘系统和工程测量技术规范，按上述基准点（线）以及合同工程精度要求，测设施工控制网，并在专用合同条款约定的期限内，将施工控制网资料报送监理人审批。

8.2　施工测量

8.2.1　承包人应负责施工过程中的全部施工测量放线工作，并配置合格的人员、仪器、设备和其他物品。

8.2.2　监理人可以指示承包人进行抽样复测，当复测中发现错误或出现超过合同约定的误差时，承包人应按监理人指示进行修正或补测，并承担相应的复测费用。

8.3　基准资料错误的责任

发包人应对其提供的测量基准点、基准线和水准点及其书面资料的真实性、准确性和完整性负责。发包人提供上述基准资料错误导致承包人测量放线工作的返工或造成工程损失的，发包人应当承担由此增加的费用和（或）工期延误，并向承包人支付合理利润。承包人发现发包人提供的上述基准资料存在明显错误或疏忽的，应及时通知监理人。

8.4　监理人使用施工控制网

监理人需要使用施工控制网的，承包人应提供必要的协助，发包人不再为此支付费用。

9　施工安全、治安保卫和环境保护

9.1　发包人的施工安全责任

9.1.1　发包人应按合同约定履行安全职责，授权监理人按合同约定的安全工作内容监督、检查承包人安全工作的实施，组织承包人和有关单位进行安全检查。

9.2　承包人的施工安全责任

9.2.1　承包人应按合同约定履行安全职责，执行监理人有关安全工作的指示，并在专用合同条款约定的期限内，按合同约定的安全工作内容，编制施工安全措施计划报送监理人审批。

9.2.2　承包人应加强施工作业安全管理，特别应加强易燃、易爆材料、火工器材、有毒与腐蚀性材料和其他危险品的管理，以及对爆破作业和地下工程施工等危险作业的管理。

9.2.3　承包人应严格按照国家安全标准制定施工安全操作规程，配备必要的安全生产和劳动保护设施，加强对承包人人员的安全教育，并发放安全工作手册和劳动保护用具。

9.2.4　承包人应按监理人的指示制定应对灾害的紧急预案，报送监理人审批。承包人还应按预案做好安全检查，配置必要的救助物资和器材，切实保护好有关人员的人身和财产安全。

9.2.5　合同约定的安全作业环境及安全施工措施所需费用应遵守有关规定，并包括在相关工作的合同价格中。因采取合同未约定的安全作业环境及安全施工措施增加的费用，由监理人按第3.5款商定或确定。

9.4　环境保护

9.4.1　承包人在施工过程中，应遵守有关环境保护的法律，履行合同约定的环境保护义务，并对违反法律和合同约定义务所造成的环境破坏、人身伤害和财产损失负责。

9.4.2　承包人应按合同约定的环保工作内容，编制施工环保措施计划，报送监理人审批。

9.5　事故处理

工程施工过程中发生事故的，承包人应立即通知监理人，监理人应立即通知发包人。发包人和承包人应立即组织人员和设备进行紧急抢救和抢修，减少人员伤亡和财产损失，防止事故扩大，并保护事故现场。需要移动现场物品时，应作出标记和书面记录，妥善保管有关证据。发包人和承包人应按国家有关规定，及时如实地向有关部门报告事故发生的情况，以及正在采取的紧急措施等。

10　进度计划

10.1　合同进度计划

承包人应按专用合同条款约定的内容和期限，编制详细的施工进度计划和施工方案说明报送监理人。监理人应在专用合同条款约定的期限内批复或提出修改意见，否则该进度计划视为已得到批准。经监理人批准的施工进度计划称合同进度计划，是控制合同工程进度的依据。承包人还应根据合同进度计划，编制更为详细的分阶段或分项进度计划，报监理人审批。

10.2　合同进度计划的修订

不论何种原因造成工程的实际进度与第10.1款的合同进度计划不符时，承包人可以在专用合同条款约定的期限内向监理人提交修订合同进度计划的申请报告，并附有关措施和相关资料，报监理人审批；监理人也可以直接向承包人作出修订合同进度计划的指示，承包人应按该指示修订合同进度计划，报监理人审批。监理人应在专用合同条款约定的期限内批复。监理人在批复前应获得发包人同意。

11 开工和竣工

11.1 开工

11.1.1 监理人应在开工日期7天前向承包人发出开工通知。监理人在发出开工通知前应获得发包人同意。工期自监理人发出的开工通知中载明的开工日期起计算。承包人应在开工日期后尽快施工。

11.1.2 承包人应按第10.1款约定的合同进度计划，向监理人提交工程开工报审表，经监理人审批后执行。开工报审表应详细说明按合同进度计划正常施工所需的施工道路、临时设施、材料设备、施工人员等施工组织措施的落实情况以及工程的进度安排。

11.5 承包人的工期延误

由于承包人原因，未能按合同进度计划完成工作，或监理人认为承包人施工进度不能满足合同工期要求的，承包人应采取措施加快进度，并承担加快进度所增加的费用。由于承包人原因造成工期延误，承包人应支付逾期竣工违约金。逾期竣工违约金的计算方法在专用合同条款中约定。承包人支付逾期竣工违约金，不免除承包人完成工程及修补缺陷的义务。

11.6 工期提前

发包人要求承包人提前竣工，或承包人提出提前竣工的建议能够给发包人带来效益的，应由监理人与承包人共同协商采取加快工程进度的措施和修订合同进度计划。发包人应承担承包人由此增加的费用，并向承包人支付专用合同条款约定的相应奖金。

12.3 监理人暂停施工指示

12.3.1 监理人认为有必要时，可向承包人作出暂停施工的指示，承包人应按监理人指示暂停施工。不论由于何种原因引起的暂停施工，暂停施工期间承包人应负责妥善保护工程并提供安全保障。

12.3.2 由于发包人的原因发生暂停施工的紧急情况，且监理人未及时下达暂停施工指示的，承包人可先暂停施工，并及时向监理人提出暂停施工的书面请求。监理人应在接到书面请求后的24小时内予以答复，逾期未答复的，视为同意承包人的暂停施工请求。

12.4 暂停施工后的复工

12.4.1 暂停施工后，监理人应与发包人和承包人协商，采取有效措施积极消除暂停施工的影响。当工程具备复工条件时，监理人应立即向承包人发出复工通知。承包人收到复工通知后，应在监理人指定的期限内复工。

12.4.2 承包人无故拖延和拒绝复工的，由此增加的费用和工期延误由承包人承担；因发包人原因无法按时复工的，承包人有权要求发包人延长工期和（或）增加费用，并支付合理利润。

12.5　暂停施工持续56天以上

12.5.1　监理人发出暂停施工指示后56天内未向承包人发出复工通知，除了该项停工属于第12.1款的情况外，承包人可向监理人提交书面通知，要求监理人在收到书面通知后28天内准许已暂停施工的工程或其中一部分工程继续施工。如监理人逾期不予批准，则承包人可以通知监理人，将工程受影响的部分视为按第15.1（1）项的可取消工作。如暂停施工影响到整个工程，可视为发包人违约，应按第22.2款的规定办理。

12.5.2　由于承包人责任引起的暂停施工，如承包人在收到监理人暂停施工指示后56天内不认真采取有效的复工措施，造成工期延误，可视为承包人违约，应按第22.1款的规定办理。

13　工程质量

13.1　工程质量要求

13.1.1　工程质量验收按合同约定验收标准执行。

13.1.2　因承包人原因造成工程质量达不到合同约定验收标准的，监理人有权要求承包人返工直至符合合同要求为止，由此造成的费用增加和（或）工期延误由承包人承担。

13.1.3　因发包人原因造成工程质量达不到合同约定验收标准的，发包人应承担由于承包人返工造成的费用增加和（或）工期延误，并支付承包人合理利润。

13.2　承包人的质量管理

13.2.1　承包人应在施工场地设置专门的质量检查机构，配备专职质量检查人员，建立完善的质量检查制度。承包人应在合同约定的期限内，提交工程质量保证措施文件，包括质量检查机构的组织和岗位责任、质检人员的组成、质量检查程序和实施细则等，报送监理人审批。

13.2.2　承包人应加强对施工人员的质量教育和技术培训，定期考核施工人员的劳动技能，严格执行规范和操作规程。

13.3　承包人的质量检查

承包人应按合同约定对材料、工程设备以及工程的所有部位及其施工工艺进行全过程的质量检查和检验，并作详细记录，编制工程质量报表，报送监理人审查。

13.4　监理人的质量检查

监理人有权对工程的所有部位及其施工工艺、材料和工程设备进行检查和检验。承包人应为监理人的检查和检验提供方便，包括监理人到施工场地，或制造、加工地点，或合同约定的其他地方进行察看和查阅施工原始记录。承包人还应按监理人指示，进行施工场地取样试验、工程复核测量和设备性能检测，提供试验样品、提交试验报告和测量成果以及监理人要求进行的其他工作。监理人的检查和检验，不免除承包人按合同约定应负的责任。

13.5　工程隐蔽部位覆盖前的检查

13.5.1　通知监理人检查

经承包人自检确认的工程隐蔽部位具备覆盖条件后，承包人应通知监理人在约定的期限内检查。承包人的通知应附有自检记录和必要的检查资料。监理人应按时到场检查。经监理人检查确认质量符合隐蔽要求，并在检查记录上签字后，承包人才能进行覆盖。监理人检查确认质量不合格的，承包人应在监理人指示的时间内修整返工后，由监理人重新检查。

13.5.2　监理人未到场检查

监理人未按第13.5.1项约定的时间进行检查的，除监理人另有指示外，承包人可自行完成覆盖工作，并作相应记录报送监理人，监理人应签字确认。监理人事后对检查记录有疑问的，可按第13.5.3项的约定重新检查。

13.5.3　监理人重新检查

承包人按第13.5.1项或第13.5.2项覆盖工程隐蔽部位后，监理人对质量有疑问的，可要求承包人对已覆盖的部位进行钻孔探测或揭开重新检验，承包人应遵照执行，并在检验后重新覆盖恢复原状。经检验证明工程质量符合合同要求的，由发包人承担由此增加的费用和（或）工期延误，并支付承包人合理利润；经检验证明工程质量不符合合同要求的，由此增加的费用和（或）工期延误由承包人承担。

13.5.4　承包人私自覆盖

承包人未通知监理人到场检查，私自将工程隐蔽部位覆盖的，监理人有权指示承包人钻孔探测或揭开检查，由此增加的费用和（或）工期延误由承包人承担。

13.6　清除不合格工程

13.6.1　承包人使用不合格材料、工程设备，或采用不适当的施工工艺，或施工不当，造成工程不合格的，监理人可以随时发出指示，要求承包人立即采取措施进行补救，直至达到合同要求的质量标准，由此增加的费用和（或）工期延误由承包人承担。

13.6.2　由于发包人提供的材料或工程设备不合格造成的工程不合格，需要承包人采取措施补救的，发包人应承担由此增加的费用和（或）工期延误，并支付承包人合理利润。

14　试验和检验

14.1　材料、工程设备和工程的试验和检验

14.1.1　承包人应按合同约定进行材料、工程设备和工程的试验和检验，并为监理人对上述材料、工程设备和工程的质量检查提供必要的试验资料和原始记录。按合同约定应由监理人与承包人共同进行试验和检验的，由承包人负责提供必要的试验资料和原始记录。

14.1.2　监理人未按合同约定派员参加试验和检验的，除监理人另有指示外，承包人可自行试验和检验，并应立即将试验和检验结果报送监理人，监理人应签字确认。

14.1.3　监理人对承包人的试验和检验结果有疑问的，或为查清承包人试验和检验成果的可靠性要求承包人重新试验和检验的，可按合同约定由监理人与承包人共同进行。重新试验和检验的结果证明该项材料、工程设备或工程的质量不符合合同要求的，由此增加的费用和（或）工期延误由承包人承担；重新试验和检验结果证明该项材料、工程设备和工程符合合同要求，由发包人承担由此增加的费用和（或）工期延误，并支付承包人合理利润。

14.2　现场材料试验

14.2.1　承包人根据合同约定或监理人指示进行的现场材料试验，应由承包人提供试验场所、试验人员、试验设备器材以及其他必要的试验条件。

14.2.2　监理人在必要时可以使用承包人的试验场所、试验设备器材以及其他试验条件，进行以工程质量检查为目的的复核性材料试验，承包人应予以协助。

14.3　现场工艺试验

承包人应按合同约定或监理人指示进行现场工艺试验。对大型的现场工艺试验，监理人认为必要时，应由承包人根据监理人提出的工艺试验要求，编制工艺试验措施计划，报送监理人审批。

15.　变更

15.1　变更的范围和内容

除专用合同条款另有约定外，在履行合同中发生以下情形之一，应按照本条规定进行变更。

（1）取消合同中任何一项工作，但被取消的工作不能转由发包人或其他人实施；

（2）改变合同中任何一项工作的质量或其他特性；

（3）改变合同工程的基线、标高、位置或尺寸；

（4）改变合同中任何一项工作的施工时间或改变已批准的施工工艺或顺序；

（5）为完成工程需要追加的额外工作。

15.2　变更权

在履行合同过程中，经发包人同意，监理人可按第15.3款约定的变更程序向承包人作出变更指示，承包人应遵照执行。没有监理人的变更指示，承包人不得擅自变更。

15.3　变更程序

15.3.1　变更的提出

（1）在合同履行过程中，可能发生第15.1款约定情形的，监理人可向承包人发出变更意向书。变更意向书应说明变更的具体内容和发包人对变更的时间要求，并附必要的图纸和相关资料。变更意向书应要求承包人提交包括拟实施变更工作的计划、措施和竣工时间等内容的实施方案。发包人同意承包人根据变更意向书要求提交的变更实施方案的，由监理人按第15.3.3项约定发出变更指示。

（2）在合同履行过程中，发生第15.1款约定情形的，监理人应按照第15.3.3项约定向承包人发出变更指示。

（3）承包人收到监理人按合同约定发出的图纸和文件，经检查认为其中存在第15.1款约定情形的，可向监理人提出书面变更建议。变更建议应阐明要求变更的依据，并附必要的图纸和说明。监理人收到承包人书面建议后，应与发包人共同研究，确认存在变更的，应在收到承包人书面建议后的14天内作出变更指示。经研究后不同意作为变更的，应由监理人书面答复承包人。

（4）若承包人收到监理人的变更意向书后认为难以实施此项变更，应立即通知监理人，说明原因并附详细依据。监理人与承包人和发包人协商后确定撤销、改变或不改变原变更意向书。

15.3.2　变更估价

（1）除专用合同条款对期限另有约定外，承包人应在收到变更指示或变更意向书后的14天内，向监理人提交变更报价书，报价内容应根据第15.4款约定的估价原则，详细开列变更工作的价格组成及其依据，并附必要的施工方法说明和有关图纸。

（2）变更工作影响工期的，承包人应提出调整工期的具体细节。监理人认为有必要时，可要求承包人提交要求提前或延长工期的施工进度计划及相应施工措施等详细资料。

（3）除专用合同条款对期限另有约定外，监理人收到承包人变更报价书后的14天内，根据第15.4款约定的估价原则，按照第3.5款商定或确定变更价格。

15.3.3　变更指示

（1）变更指示只能由监理人发出。

（2）变更指示应说明变更的目的、范围、变更内容以及变更的工程量及其进度和技术要求，并附有关图纸和文件。承包人收到变更指示后，应按变更指示进行变更工作。

15.4　变更的估价原则

除专用合同条款另有约定外，因变更引起的价格调整按照本款约定处理。

15.4.1　已标价工程量清单中有适用于变更工作的子目的，采用该子目的单价。

15.4.2　已标价工程量清单中无适用于变更工作的子目，但有类似子目的，可在合理范围内参照类似子目的单价，由监理人按第3.5款商定或确定变更工作的单价。

15.4.3　已标价工程量清单中无适用或类似子目的单价，可按照成本加利润的原则，由监理人按第3.5款商定或确定变更工作的单价。

15.5　承包人的合理化建议

15.5.1　在履行合同过程中，承包人对发包人提供的图纸、技术要求以及其他方面提出的合理化建议，均应以书面形式提交监理人。合理化建议书的内容应包括建议工作的详细说明、进度计划和效益以及与其他工作的协调等，并附必要的设计文件。监理人应与发包人协商是否采纳建议。建议被采纳并构成变更的，应按第15.3.3项约定向承包人发出变更指示。

15.5.2　承包人提出的合理化建议降低了合同价格、缩短了工期或者提高了工程经济效益的，发包人可按国家有关规定在专用合同条款中约定给予奖励。

15.6　暂列金额

暂列金额只能按照监理人的指示使用，并对合同价格进行相应调整。

15.7　计日工

15.7.1　发包人认为有必要时，由监理人通知承包人以计日工方式实施变更的零星工作。其价款按列入已标价工程量清单中的计日工计价子目及其单价进行计算。

15.7.2　采用计日工计价的任何一项变更工作，应从暂列金额中支付，承包人应在该项变更的实施过程中，每天提交以下报表和有关凭证报送监理人审批：

（1）工作名称、内容和数量；

（2）投入该工作所有人员的姓名、工种、级别和耗用工时；

（3）投入该工作的材料类别和数量；

（4）投入该工作的施工设备型号、台数和耗用台时；

（5）监理人要求提交的其他资料和凭证。

15.7.3　计日工由承包人汇总后，按第17.3.2项的约定列入进度付款申请单，由监理人复核并经发包人同意后列入进度付款。

15.8　暂估价

15.8.1　发包人在工程量清单中给定暂估价的材料、工程设备和专业工程属于依法必须招标的范围并达到规定的规模标准的，由发包人和承包人以招标的方式选择供应商或分包人。发包人和承包人的权利义务关系在专用合同条款中约定。中标金额与工程量清单中所列的暂估价的金额差以及相应的税金等其他费用列入合同价格。

15.8.2　发包人在工程量清单中给定暂估价的材料和工程设备不属于依法必须招标的范围或未达到规定的规模标准的，应由承包人按第5.1款的约定提供。经监理人确认的材料、工程设备的价格与工程量清单中所列的暂估价的金额差以及相应的税金等其他费用列入合同价格。

15.8.3　发包人在工程量清单中给定暂估价的专业工程不属于依法必须招标的范围或未达到规定的规模标准的，由监理人按照第15.4款进行估价，但专用合同条款另有约定的除外。经估价的专业工程与工程量清单中所列的暂估价的金额差以及相应的税金等其他费用列入合同价格。

16.1.1.3　权重的调整

按第15.1款约定的变更导致原定合同中的权重不合理时，由监理人与承包人和发包人协商后进行调整。

16.1.2　采用造价信息调整价格差额

施工期内，因人工、材料、设备和机械台班价格波动影响合同价格时，人工、机械使用费按照国家或省、自治区、直辖市建设行政管理部门、行业建设管理部门或其授权的工程造价管理机构发布的人工成本信息、机械台班单价或机械使用费系数进行调整；需要进行价格调整的材料，其单价和采购数应由监理人复核，监理人确认需调整的材料单价及数量，作为调整工程合同价格差额的依据。

16.2　法律变化引起的价格调整

在基准日后，因法律变化导致承包人在合同履行中所需要的工程费用发生除第16.1款约定以外的增减时，监理人应根据法律、国家或省、自治区、直辖市有关部门的规定，按第3.5款商定或确定需调整的合同价款。

17.1.4　单价子目的计量

（1）已标价工程量清单中的单价子目工程量为估算工程量。结算工程量是承包人实际完成的，并按合同约定的计量方法进行计量的工程量。

（2）承包人对已完成的工程进行计量，向监理人提交进度付款申请单、已完成工程量报表和有关计量资料。

（3）监理人对承包人提交的工程量报表进行复核，以确定实际完成的工程量。对数量有异议的，可要求承包人按第8.2款约定进行共同复核和抽样复测。承包人应协助监理人进行复核并按监理人要求提供补充计量资料。承包人未按监理人要求参加复核，监理人复核或修正的工程量视为承包人实际完成的工程量。

（4）监理人认为有必要时，可通知承包人共同进行联合测量、计量，承包人应遵照执行。

（5）承包人完成工程量清单中每个子目的工程量后，监理人应要求承包人派员共同对每个子目的历次计量报表进行汇总，以核实最终结算工程量。监理人可要求承包人提供补充计量资料，以确定最后一次进度付款的准确工程量。承包人未按监理人要求派员参加的，监理人最终核实的工程量视为承包人完成该子目的准确工程量。

（6）监理人应在收到承包人提交的工程量报表后的7天内进行复核，监理人未在约定时间内复核的，承包人提交的工程量报表中的工程量视为承包人实际完成的工程量，据此计算工程价款。

17.1.5　总价子目的计量

除专用合同条款另有约定外，总价子目的分解和计量按照下述约定进行。

（1）总价子目的计量和支付应以总价为基础，不因第16.1款中的因素而进行调整。承包人实际完成的工程量，是进行工程目标管理和控制进度支付的依据。

（2）承包人在合同约定的每个计量周期内，对已完成的工程进行计量，并向监理人提交进度付款申请单、专用合同条款约定的合同总价支付分解表所表示的阶段性或分项计量的支持性资料，以及所达到工程形象目标或分阶段需完成的工程量和有关计量资料。

（3）监理人对承包人提交的上述资料进行复核，以确定分阶段实际完成的工程量和工程形象目标。对其有异议的，可要求承包人按第8.2款约定进行共同复核和抽样复测。

（4）除按照第15条约定的变更外，总价子目的工程量是承包人用于结算的最终工程量。

17.3　工程进度付款

17.3.1　付款周期

付款周期同计量周期。

17.3.2　进度付款申请单

承包人应在每个付款周期末，按监理人批准的格式和专用合同条款约定的份数，向监理人提交进度付款申请单，并附相应的支持性证明文件。除专用合同条款另有约定外，进度付款申请单应包括下列内容：

（1）截至本次付款周期末已实施工程的价款；

（2）根据第15条应增加和扣减的变更金额；

（3）根据第23条应增加和扣减的索赔金额；

（4）根据第17.2款约定应支付的预付款和扣减的返还预付款；

（5）根据第17.4.1项约定应扣减的质量保证金；

（6）根据合同应增加和扣减的其他金额。

17.3.3　进度付款证书和支付时间

（1）监理人在收到承包人进度付款申请单以及相应的支持性证明文件后的14天内

完成核查，提出发包人到期应支付给承包人的金额以及相应的支持性材料，经发包人审查同意后，由监理人向承包人出具经发包人签认的进度付款证书。监理人有权扣发承包人未能按照合同要求履行任何工作或义务的相应金额。

（2）发包人应在监理人收到进度付款申请单后的28天内，将进度应付款支付给承包人。发包人不按期支付的，按专用合同条款的约定支付逾期付款违约金。

（3）监理人出具进度付款证书，不应视为监理人已同意、批准或接受了承包人完成的该部分工作。

（4）进度付款涉及政府投资资金的，按照国库集中支付等国家相关规定和专用合同条款的约定办理。

17.3.4　工程进度付款的修正

在对以往历次已签发的进度付款证书进行汇总和复核中发现错、漏或重复的，监理人有权予以修正，承包人也有权提出修正申请。经双方复核同意的修正，应在本次进度付款中支付或扣除。

17.4　质量保证金

17.4.1　监理人应从第一个付款周期开始，在发包人的进度付款中，按专用合同条款的约定扣留质量保证金，直至扣留的质量保证金总额达到专用合同条款约定的金额或比例为止。质量保证金的计算额度不包括预付款的支付、扣回以及价格调整的金额。

17.5　竣工结算

17.5.1　竣工付款申请单

（1）工程接收证书颁发后，承包人应按专用合同条款约定的份数和期限向监理人提交竣工付款申请单，并提供相关证明材料。除专用合同条款另有约定外，竣工付款申请单应包括下列内容：竣工结算合同总价、发包人已支付承包人的工程价款、应扣留的质量保证金、应支付的竣工付款金额。

（2）监理人对竣工付款申请单有异议的，有权要求承包人进行修正和提供补充资料。经监理人和承包人协商后，由承包人向监理人提交修正后的竣工付款申请单。

17.5.2　竣工付款证书及支付时间

（1）监理人在收到承包人提交的竣工付款申请单后的14天内完成核查，提出发包人到期应支付给承包人的价款送发包人审核并抄送承包人。发包人应在收到后14天内审核完毕，由监理人向承包人出具经发包人签认的竣工付款证书。监理人未在约定时间内核查，又未提出具体意见的，视为承包人提交的竣工付款申请单已经监理人核查同意；发包人未在约定时间内审核又未提出具体意见的，监理人提出发包人到期应支付给承包人的价款视为已经发包人同意。

（2）发包人应在监理人出具竣工付款证书后的14天内，将应支付款支付给承包人。发包人不按期支付的，按第17.3.3（2）目的约定，将逾期付款违约金支付给承包人。

（3）承包人对发包人签认的竣工付款证书有异议的，发包人可出具竣工付款申请单中承包人已同意部分的临时付款证书。存在争议的部分，按第24条的约定办理。

（4）竣工付款涉及政府投资资金的，按第 17. 3. 3（4）目的约定办理。

17. 6　最终结清

17. 6. 1　最终结清申请单

（1）缺陷责任期终止证书签发后，承包人可按专用合同条款约定的份数和期限向监理人提交最终结清申请单，并提供相关证明材料。

（2）发包人对最终结清申请单内容有异议的，有权要求承包人进行修正和提供补充资料，由承包人向监理人提交修正后的最终结清申请单。

17. 6. 2　最终结清证书和支付时间

（1）监理人收到承包人提交的最终结清申请单后的 14 天内，提出发包人应支付给承包人的价款送发包人审核并抄送承包人。发包人应在收到后 14 天内审核完毕，由监理人向承包人出具经发包人签认的最终结清证书。监理人未在约定时间内核查，又未提出具体意见的，视为承包人提交的最终结清申请已经监理人核查同意；发包人未在约定时间内审核又未提出具体意见的，监理人提出应支付给承包人的价款视为已经发包人同意。

（2）发包人应在监理人出具最终结清证书后的 14 天内，将应支付款支付给承包人。发包人不按期支付的，按第 17. 3. 3（2）目的约定，将逾期付款违约金支付给承包人。

（3）承包人对发包人签认的最终结清证书有异议的，按第 24 条的约定办理。

（4）最终结清付款涉及政府投资资金的，按第 17. 3. 3（4）目的约定办理。

18　竣工验收

18. 1　竣工验收的含义

18. 1. 1　竣工验收指承包人完成了全部合同工作后，发包人按合同要求进行的验收。

18. 1. 2　国家验收是政府有关部门根据法律、规范、规程和政策要求，针对发包人全面组织实施的整个工程正式交付投运前的验收。

18. 1. 3　需要进行国家验收的，竣工验收是国家验收的一部分。竣工验收所采用的各项验收和评定标准应符合国家验收标准。发包人和承包人为竣工验收提供的各项竣工验收资料应符合国家验收的要求。

18. 2　竣工验收申请报告

当工程具备以下条件时，承包人即可向监理人报送竣工验收申请报告：

（1）除监理人同意列入缺陷责任期内完成的尾工（甩项）工程和缺陷修补工作外，合同范围内的全部单位工程以及有关工作，包括合同要求的试验、试运行以及检验和验收均已完成，并符合合同要求；

（2）已按合同约定的内容和份数备齐了符合要求的竣工资料；

（3）已按监理人的要求编制了在缺陷责任期内完成的尾工（甩项）工程和缺陷修补工作清单以及相应施工计划；

（4）监理人要求在竣工验收前应完成的其他工作；

（5）监理人要求提交的竣工验收资料清单。

18.3 验收

监理人收到承包人按第 18.2 款约定提交的竣工验收申请报告后，应审查申请报告的各项内容，并按以下不同情况进行处理。

18.3.1 监理人审查后认为尚不具备竣工验收条件的，应在收到竣工验收申请报告后的 28 天内通知承包人，指出在颁发接收证书前承包人还需进行的工作内容。承包人完成监理人通知的全部工作内容后，应再次提交竣工验收申请报告，直至监理人同意为止。

18.3.2 监理人审查后认为已具备竣工验收条件的，应在收到竣工验收申请报告后的 28 天内提请发包人进行工程验收。

18.3.3 发包人经过验收后同意接受工程的，应在监理人收到竣工验收申请报告后的 56 天内，由监理人向承包人出具经发包人签认的工程接收证书。发包人验收后同意接收工程但提出整修和完善要求的，限期修好，并缓发工程接收证书。整修和完善工作完成后，监理人复查达到要求的，经发包人同意后，再向承包人出具工程接收证书。

18.3.4 发包人验收后不同意接收工程的，监理人应按照发包人的验收意见发出指示，要求承包人对不合格工程认真返工重作或进行补救处理，并承担由此产生的费用。承包人在完成不合格工程的返工重作或补救工作后，应重新提交竣工验收申请报告，按第 18.3.1 项、第 18.3.2 项和第 18.3.3 项的约定进行。

18.4 单位工程验收

18.4.1 发包人根据合同进度计划安排，在全部工程竣工前需要使用已经竣工的单位工程时，或承包人提出经发包人同意时，可进行单位工程验收。验收的程序可参照第 18.2 款与第 18.3 款的约定进行。验收合格后，由监理人向承包人出具经发包人签认的单位工程验收证书。已签发单位工程接收证书的单位工程由发包人负责照管。单位工程的验收成果和结论作为全部工程竣工验收申请报告的附件。

18.7 竣工清场

18.7.1 除合同另有约定外，工程接收证书颁发后，承包人应按以下要求对施工场地进行清理，直至监理人检验合格为止。竣工清场费用由承包人承担。

（1）施工场地内残留的垃圾已全部清除出场；

（2）临时工程已拆除，场地已按合同要求进行清理、平整或复原；

（3）按合同约定应撤离的承包人设备和剩余的材料，包括废弃的施工设备和材料，已按计划撤离施工场地；

（4）工程建筑物周边及其附近道路、河道的施工堆积物，已按监理人指示全部清理；

（5）监理人指示的其他场地清理工作已全部完成。

18.7.2 承包人未按监理人的要求恢复临时占地，或者场地清理未达到合同约定的，发包人有权委托其他人恢复或清理，所发生的金额从拟支付给承包人的款项中扣除。

18.8 施工队伍的撤离

工程接收证书颁发后的 56 天内，除了经监理人同意需在缺陷责任期内继续工作和使用的人员、施工设备和临时工程外，其余的人员、施工设备和临时工程均应撤离施工场地或拆除。除合同另有约定外，缺陷责任期满时，承包人的人员和施工设备应全部撤离施工场地。

19.2.3 监理人和承包人应共同查清缺陷和（或）损坏的原因。经查明属承包人原因造成的，应由承包人承担修复和查验的费用。经查验属发包人原因造成的，发包人应承担修复和查验的费用，并支付承包人合理利润。

19.6 缺陷责任期终止证书

在第1.1.4.5目约定的缺陷责任期，包括根据第19.3款延长的期限终止后14天内，由监理人向承包人出具经发包人签认的缺陷责任期终止证书，并退还剩余的质量保证金。

20.2.2 发包人员工伤事故的保险

发包人应依照有关法律规定参加工伤保险，为其现场机构雇佣的全部人员，缴纳工伤保险费，并要求其监理人也进行此项保险。

20.3 人身意外伤害险

20.3.1 发包人应在整个施工期间为其现场机构雇用的全部人员，投保人身意外伤害险，缴纳保险费，并要求其监理人也进行此项保险。

20.6.2 保险合同条款的变动

承包人需要变动保险合同条款时，应事先征得发包人同意，并通知监理人。保险人作出变动的，承包人应在收到保险人通知后立即通知发包人和监理人。

21 不可抗力

21.1 不可抗力的确认

21.1.1 不可抗力是指承包人和发包人在订立合同时不可预见，在工程施工过程中不可避免发生并不能克服的自然灾害和社会性突发事件，如地震、海啸、瘟疫、水灾、骚乱、暴动、战争和专用合同条款约定的其他情形。

21.1.2 不可抗力发生后，发包人和承包人应及时认真统计所造成的损失，收集不可抗力造成损失的证据。合同双方对是否属于不可抗力或其损失的意见不一致的，由监理人按第3.5款商定或确定。发生争议时，按第24条的约定办理。

21.2 不可抗力的通知

21.2.1 合同一方当事人遇到不可抗力事件，使其履行合同义务受到阻碍时，应立即通知合同另一方当事人和监理人，书面说明不可抗力和受阻碍的详细情况，并提供必要的证明。

21.2.2 如不可抗力持续发生，合同一方当事人应及时向合同另一方当事人和监理人提交中间报告，说明不可抗力和履行合同受阻的情况，并于不可抗力事件结束后28天内提交最终报告及有关资料。

21.3 不可抗力后果及其处理

21.3.1 不可抗力造成损害的责任

除专用合同条款另有约定外，不可抗力导致的人员伤亡、财产损失、费用增加和（或）工期延误等后果，由合同双方按以下原则承担：

（1）永久工程，包括已运至施工场地的材料和工程设备的损害，以及因工程损害造成的第三者人员伤亡和财产损失由发包人承担；

（2）承包人设备的损坏由承包人承担；

（3）发包人和承包人各自承担其人员伤亡和其他财产损失及其相关费用；

（4）承包人的停工损失由承包人承担，但停工期间应监理人要求照管工程和清理、修复工程的金额由发包人承担；

（5）不能按期竣工的，应合理延长工期，承包人不需支付逾期竣工违约金。发包人要求赶工的，承包人应采取赶工措施，赶工费用由发包人承担。

21.3.4　因不可抗力解除合同

合同一方当事人因不可抗力不能履行合同的，应当及时通知对方解除合同。合同解除后，承包人应按照第22.2.5项约定撤离施工场地。已经订货的材料、设备由订货方负责退货或解除订货合同，不能退还的货款和因退货、解除订货合同发生的费用，由发包人承担，因未及时退货造成的损失由责任方承担。合同解除后的付款，参照第22.2.4项约定，由监理人按第3.5款商定或确定。

22　违约

22.1　承包人违约

22.1.1　承包人违约的情形

在履行合同过程中发生的下列情况属承包人违约：

（1）承包人违反第1.8款或第4.3款的约定，私自将合同的全部或部分权利转让给其他人，或私自将合同的全部或部分义务转移给其他人；

（2）承包人违反第5.3款或第6.4款的约定，未经监理人批准，私自将已按合同约定进入施工场地的施工设备、临时设施或材料撤离施工场地；

（3）承包人违反第5.4款的约定使用了不合格材料或工程设备，工程质量达不到标准要求，又拒绝清除不合格工程；

（4）承包人未能按合同进度计划及时完成合同约定的工作，已造成或预期造成工期延误；

（5）承包人在缺陷责任期内，未能对工程接收证书所列的缺陷清单的内容或缺陷责任期内发生的缺陷进行修复，而又拒绝按监理人指示再进行修补；

（6）承包人无法继续履行或明确表示不履行或实质上已停止履行合同；

（7）承包人不按合同约定履行义务的其他情况。

22.1.2　对承包人违约的处理

（1）承包人发生第22.1.1（6）目约定的违约情况时，发包人可通知承包人立即解除合同，并按有关法律处理。

（2）承包人发生除第22.1.1（6）目约定以外的其他违约情况时，监理人可向承包人发出整改通知，要求其在指定的期限内改正。承包人应承担其违约所引起的费用增加和（或）工期延误。

（3）经检查证明承包人已采取了有效措施纠正违约行为，具备复工条件的，可由监理人签发复工通知复工。

22.1.3 承包人违约解除合同

监理人发出整改通知28天后，承包人仍不纠正违约行为的，发包人可向承包人发出解除合同通知。合同解除后，发包人可派员进驻施工场地，另行组织人员或委托其他承包人施工。发包人因继续完成该工程的需要，有权扣留使用承包人在现场的材料、设备和临时设施。但发包人的这一行动不免除承包人应承担的违约责任，也不影响发包人根据合同约定享有的索赔权利。

22.1.4 合同解除后的估价、付款和结清

（1）合同解除后，监理人按第3.5款商定或确定承包人实际完成工作的价值，以及承包人已提供的材料、施工设备、工程设备和临时工程等的价值。

（2）合同解除后，发包人应暂停对承包人的一切付款，查清各项付款和已扣款金额，包括承包人应支付的违约金。

（3）合同解除后，发包人应按第23.4款的约定向承包人索赔由于解除合同给发包人造成的损失。

（4）合同双方确认上述往来款项后，出具最终结清付款证书，结清全部合同款项。

（5）发包人和承包人未能就解除合同后的结清达成一致而形成争议的，按第24条的约定办理。

22.1.5 协议利益的转让

因承包人违约解除合同的，发包人有权要求承包人将其为实施合同而签订的材料和设备的订货协议或任何服务协议利益转让给发包人，并在解除合同后的14天内，依法办理转让手续。

22.1.6 紧急情况下无能力或不愿进行抢救

在工程实施期间或缺陷责任期内发生危及工程安全的事件，监理人通知承包人进行抢救，承包人声明无能力或不愿立即执行的，发包人有权雇佣其他人员进行抢救。此类抢救按合同约定属于承包人义务的，由此发生的金额和（或）工期延误由承包人承担。

22.2 发包人违约

22.2.1 发包人违约的情形

在履行合同过程中发生的下列情形，属发包人违约：

（1）发包人未能按合同约定支付预付款或合同价款，或拖延、拒绝批准付款申请和支付凭证，导致付款延误的；

（2）发包人原因造成停工的；

（3）监理人无正当理由没有在约定期限内发出复工指示，导致承包人无法复工的；

（4）发包人无法继续履行或明确表示不履行或实质上已停止履行合同的；

（5）发包人不履行合同约定其他义务的。

22.2.2 承包人有权暂停施工

发包人发生除第22.2.1（4）目以外的违约情况时，承包人可向发包人发出通知，要求发包人采取有效措施纠正违约行为。发包人收到承包人通知后的28天内仍不履行合同义务，承包人有权暂停施工，并通知监理人，发包人应承担由此增加的费用和（或）工期延误，并支付承包人合理利润。

23　索赔

23.1　承包人索赔的提出

根据合同约定，承包人认为有权得到追加付款和（或）延长工期的，应按以下程序向发包人提出索赔：

（1）承包人应在知道或应当知道索赔事件发生后28天内，向监理人递交索赔意向通知书，并说明发生索赔事件的事由。承包人未在前述28天内发出索赔意向通知书的，丧失要求追加付款和（或）延长工期的权利；

（2）承包人应在发出索赔意向通知书后28天内，向监理人正式递交索赔通知书。索赔通知书应详细说明索赔理由以及要求追加的付款金额和（或）延长的工期，并附必要的记录和证明材料；

（3）索赔事件具有连续影响的，承包人应按合理时间间隔继续递交延续索赔通知，说明连续影响的实际情况和记录，列出累计的追加付款金额和（或）工期延长天数；

（4）在索赔事件影响结束后的28天内，承包人应向监理人递交最终索赔通知书，说明最终要求索赔的追加付款金额和延长的工期，并附必要的记录和证明材料。

23.2　承包人索赔处理程序

（1）监理人收到承包人提交的索赔通知书后，应及时审查索赔通知书的内容、查验承包人的记录和证明材料，必要时监理人可要求承包人提交全部原始记录副本。

（2）监理人应按第3.5款商定或确定追加的付款和（或）延长的工期，并在收到上述索赔通知书或有关索赔的进一步证明材料后的42天内，将索赔处理结果答复承包人。

（3）承包人接受索赔处理结果的，发包人应在作出索赔处理结果答复后28天内完成赔付。承包人不接受索赔处理结果的，按第24条的约定办理。

23.4　发包人的索赔

23.4.1　发生索赔事件后，监理人应及时书面通知承包人，详细说明发包人有权得到的索赔金额和（或）延长缺陷责任期的细节和依据。发包人提出索赔的期限和要求与第23.3款的约定相同，延长缺陷责任期的通知应在缺陷责任期届满前发出。

23.4.2　监理人按第3.5款商定或确定发包人从承包人处得到赔付的金额和（或）缺陷责任期的延长期。承包人应付给发包人的金额可从拟支付给承包人的合同价款中扣除，或由承包人以其他方式支付给发包人。

24.3　争议评审

24.3.1　采用争议评审的，发包人和承包人应在开工日后的28天内或在争议发生后，协商成立争议评审组。争议评审组由有合同管理和工程实践经验的专家组成。

24.3.2　合同双方的争议，应首先由申请人向争议评审组提交一份详细的评审申请报告，并附必要的文件、图纸和证明材料，申请人还应将上述报告的副本同时提交给被申请人和监理人。

24.3.3　被申请人在收到申请人评审申请报告副本后的28天内，向争议评审组提交一份答辩报告，并附证明材料。被申请人应将答辩报告的副本同时提交给申请人和监理人。

24.3.4　除专用合同条款另有约定外，争议评审组在收到合同双方报告后的14天内，邀请双方代表和有关人员举行调查会，向双方调查争议细节；必要时争议评审组可要求双方进一步提供补充材料。

24.3.5　除专用合同条款另有约定外，在调查会结束后的14天内，争议评审组应在不受任何干扰的情况下进行独立、公正的评审，作出书面评审意见，并说明理由。在争议评审期间，争议双方暂按总监理工程师的确定执行。

24.3.6　发包人和承包人接受评审意见的，由监理人根据评审意见拟定执行协议，经争议双方签字后作为合同的补充文件，并遵照执行。

24.3.7　发包人或承包人不接受评审意见，并要求提交仲裁或提起诉讼的，应在收到评审意见后的14天内将仲裁或起诉意向书面通知另一方，并抄送监理人，但在仲裁或诉讼结束前应暂按总监理工程师的确定执行。

关于印发简明标准施工招标文件和标准设计施工总承包招标文件的通知

（2011年12月20日国家发展改革委、工业和信息化部、财政部、住房和城乡建设部、交通运输部、铁道部、水利部、广电总局、中国民用航空局
发改法规［2011］3018号）

国务院各部门、各直属机构，各省、自治区、直辖市及计划单列市、副省级省会城市、新疆生产建设兵团发展改革委、工业和信息化主管部门、通信管理局、财政厅（局）、住房城乡建设厅（建委、局）、交通厅（局）、水利厅（局）、广播影视局，各铁路局、各铁路公司（筹备组），民航各地区管理局：

为落实中央关于建立工程建设领域突出问题专项治理长效机制的要求，进一步完善招标文件编制规则，提高招标文件编制质量，促进招标投标活动的公开、公平和公正，国家发展改革委会同工业和信息化部、财政部、住房和城乡建设部、交通运输部、铁道部、水利部、广电总局、中国民用航空局，编制了《简明标准施工招标文件》和《标准设计施工总承包招标文件》（以下如无特别说明，统一简称为《标准文件》）。现将《标准文件》印发你们，并就有关事项通知如下：

一、适用范围

依法必须进行招标的工程建设项目，工期不超过12个月、技术相对简单、且设计和施工不是由同一承包人承担的小型项目，其施工招标文件应当根据《简明标准施工招标文件》编制；设计施工一体化的总承包项目，其招标文件应当根据《标准设计施工总承包招标文件》编制。

工程建设项目，是指工程以及与工程建设有关的货物和服务。工程，是指建设工程，包括建筑物和构筑物的新建、改建、扩建及其相关的装修、拆除、修缮等。与工程建设有关的货物，是指构成工程不可分割的组成部分，且为实现工程基本功能所必需的设备、材料等。与工程建设有关的服务，是指为完成工程所需的勘察、设计、监理等。

二、应当不加修改地引用《标准文件》的内容

《标准文件》中的“投标人须知”（投标人须知前附表和其他附表除外）、“评标办法”（评标办法前附表除外）、“通用合同条款”，应当不加修改地引用。

三、行业主管部门可以作出的补充规定

国务院有关行业主管部门可根据本行业招标特点和管理需要，对《简明标准施工招标文件》中的“专用合同条款”、“工程量清单”、“图纸”、“技术标准和要求”，《标准设计施工总承包招标文件》中的“专用合同条款”、“发包人要求”、“发包人提供的资料和条件”作出具体规定。其中，“专用合同条款”可对“通用合同条款”进行补充、细化，但除“通用合同条款”明确规定可以作出不同约定外，“专用合同条款”补充和细化的内容不得与“通用合同条款”相抵触，否则抵触内容无效。

四、招标人可以补充、细化和修改的内容

“投标人须知前附表”用于进一步明确“投标人须知”正文中的未尽事宜，招标人或者招标代理机构应结合招标项目具体特点和实际需要编制和填写，但不得与“投标人须知”正文内容相抵触，否则抵触内容无效。

“评标办法前附表”用于明确评标的方法、因素、标准和程序。招标人应根据招标项目具体特点和实际需要，详细列明全部审查或评审因素、标准，没有列明的因素和标准不得作为资格审查或者评标的依据。

招标人或者招标代理机构可根据招标项目的具体特点和实际需要，在“专用合同条款”中对《标准文件》中的“通用合同条款”进行补充、细化和修改，但不得违反法律、行政法规的强制性规定，以及平等、自愿、公平和诚实信用原则，否则相关内容无效。

五、实施时间、解释及修改

《标准文件》自2012年5月1日起实施。因出现新情况，需要对《标准文件》不加修改地引用的内容作出解释或修改的，由国家发展改革委会同国务院有关部门作出解释或修改。该解释和修改与《标准文件》具有同等效力。

请各级人民政府有关部门认真组织好《标准文件》的贯彻落实，及时总结经验和发现问题。各地在实施《标准文件》中的经验和问题，向上级主管部门报告；国务院各部门汇总本部门的经验和问题，报国家发展改革委。

特此通知。

附件：一：《中华人民共和国简明标准施工招标文件》（2012年版）（略）

二：《中华人民共和国标准设计施工总承包招标文件》（2012年版）（略）